imaginist

U0157865

想象另一种可能

理
想
国

imaginist

THIS IS YOUR BRAIN ON PARASITES

How Tiny Creatures Manipulate Our Behavior and Shape Society

我脑子里的不速之客

寄生生物如何操纵人类与社会

Kathleen McAuliffe

[美]凯瑟琳·麦考利夫 著

袁祎 译

山西出版传媒集团 山西教育出版社

献给我的家人，

并深切缅怀我的姐姐莎朗·麦考利夫（Sharon McAuliffe），

一位英年早逝的富有才华的科普作家

英制 / 公制单位换算表：

1 英尺 = 30.48 厘米

1 英寸 = 2.54 厘米

1 磅 ≈ 453.59 克

目录

导言

我们喜欢把自己想象为司机，可以自己决定去哪里，要加速还是减速，何时转换车道。我们做出决定并承担后果。这个信念是很容易产生的，甚至是有必要的。如果我们抛弃了自由意志的概念，让人们为自己行为负责的法则便会开始崩塌。世界变得混乱失控，甚至令人恐惧。在标准的科幻故事桥段中，外来生物把我们变成僵尸、嗜血的吸血鬼和性饥渴的机器人，因为这些情节唤起了我们对失去控制的恐惧。抑或情况更糟糕，我们成了那些只想利用我们来谋取自身利益的生物的奴隶。因此，当我们想到，也许有个隐形的乘客也能控制方向盘，我们想朝着一个方向行驶时，它却争着把我们引去另一个方向，这让人感到不安。我们松开油门的时候，一只看不见的脚却将其踩得更紧。

寄生生物就像那位隐形的乘客。它们擅长瞒骗我们的免疫系统，潜入我们的身体，然后开始作恶。它们引发皮疹、病变和疼痛；它们将我们从里到外吃干抹净；利用我们孵化它们的幼虫；耗尽我们的精力；让我们失明、中毒、残疾，有时甚至可以杀死我们。但这还不是它们造成的全部影响。有些寄生生物还有另外的锦囊妙计——一股了不起的隐秘力量，甚至让研究它们的科学家感到震惊和困惑。简而言之，这些寄生生物都是精神控制的大师。无论是像病毒那样微小，还是像绦虫那样长约 6 英尺，它们都找到了各种狡猾的方法来操纵宿主的行为，现在许多研究者强烈怀疑这些宿主也包括人类。

我创作本书的动力来源于互联网上的一项发现。我是一名科学记者，有一天，当我在寻找有趣的写作主题时，偶然发现有一种单细胞寄生虫，以老鼠大脑为攻击目标。入侵的寄生虫通过操纵老鼠的神经回路——具体如何操作仍是一个热门的研究问题——将老鼠内心深处对猫的恐惧转化为了吸引力，从而将老鼠直接引诱到了它的捕食者口中。我惊讶地发现，这不仅对猫来说是个好结果，对寄生虫来说也是个好结果。事实证明，该寄生虫要想完成其生殖周期，下一个阶段所需的环境正是猫的肠道。

这一发现让我想到了自己的猫，它总爱把死老鼠扔到我脚边。虽然我被它这个习惯吓得不轻，但还是忍不住佩服它的狩猎本领。现在我开始思索如此聪明的到底是它还是寄生虫了。

当我继续查阅时，我读到了更令人惊讶的信息：这种微生物在人类大脑中很常见，因为当我们接触猫的粪便时，猫就会把它传给我们。斯坦福一名与该研究相关的神经科学家推测，这种寄生虫可能也在干扰我们的大脑。我为了弄明白他的意思便联系了他，他给我引介了一位捷克的生物学家。“他为人有些古怪，”他警告我，“但我觉得值得和他聊聊。”我拨通了一个布拉格的电话，在接下来一个多小时里，我听到了职业生涯中听过的最离奇的故事。我好几次都以为电话那头的人可能是个疯子，但我将这些想法放到一边，继续听了下去，我无法不这样做。我为好故事着迷，这个故事具备了一流医疗悬疑小说的所有元素。它从诡异变得吓人、奇怪，然后变得令人振奋。更重要的是，如果这一切都是真的，它会对健康产生重要的影响。

我们的谈话结束后，我打电话给其他猫寄生虫专家核查事实。起初我很不好意思这么做，因为我害怕自己听起来太容易上当受骗了。但是一个接一个的消息来源称，那个捷克人的想法虽然还没有被证实，但值得认真研究。他对人类的研究，以及带领他走上探索之路的奥德赛之旅，成了我为《大西洋月刊》（*The Atlantic*）写的一篇长文的基础。我在本书的一章中也对其有所描述，同时还包括了他最新的研究成果。因此，你可以自己下结论。（提醒一句：在你读到那部分之前，请不要惊慌地把宠物猫送走。因为我会更详细地阐明，我们可以采取比与心爱伴侣分离更有效的方法来防止感染。）

在调查这个问题的过程中，我遇到了许多其他关于寄生性精神控制的事情。我了解到寄生生物迫使宿主成为它们的私人保镖、保姆、司机、仆人等。科学家有时候知道它们如何完成这些壮举，有时候也会摸不着头脑。在我看来，神经外科医生和精神药理学家能从寄生生物身上学到很多东西。

一旦了解了它们的把戏，我就很难再用与以前同样的眼光来看待外面的世界了。我惊讶地发现，被我们称为“自然选择”的奇观，背后往往是寄生生物在指挥行动，影响着捕食者和猎物之间的斗争结果。它们的“舞台艺术”，让我对生态学、进化生物学，以及疟疾和登革热等蚊媒疾病的传播有了完全不同的看法。

虽然寄生生物的强制性手段对人类产生了许多令人不安的影响，但也并非全是坏消息。一些微生物实际上可以改善我们的心理健康。不安好心的入侵者需要抵抗的远不止我们的免疫系统。

越来越多的研究表明，宿主形成了强大的心理防御来抵抗寄生生物。科学家称这种精神屏障为“行为免疫系统”。实验表明，它在感染风险很高的情况下开始发挥作用，促使处于危险中的生物体以特定的方式做出反应，以降低其所面临的风险。举个简单的例子，狗对外伤的反应就是舔伤口，用富含杀菌化合物的唾液包住伤口。然而，对像人类这样的灵长类动物来说，我们的行为防御似乎越来越与抽象和象征性的思维方式联系在一起。许多看似与病原体搭不上边的习惯和特征，例如我们的政治信仰、性态度或对打破社会禁忌之人不容忍的态度，这其中可能有一部分源于我们希望避免被传染的潜意识。甚至有证据表明，我们周围环境中细菌的存在——如腐臭的气味或肮脏的生活条件等——会影响我们的性格。

寄生生物直接或间接地操纵我们的思维、感觉和行为。事实上，我们与它们之间的互动可能不仅塑造了我们的思维框架，也塑造了整个社会的特征。这也许可以解释一个令人困惑的问题：病原体肆虐的地区与通过接种疫苗、改善卫生条件而大幅降低患病风险的地区总是存在着文化差异。大量证据表明,在我们身处的更广泛的人群中，寄生生物的流行会影响我们的饮食习惯、宗教习俗、择偶倾向，以及政府公共政策。

这些主张背后的科学研究还不成熟，有些只是初步的研究成果，可能经不起仔细推敲。但是相关研究正在迅速积累，一门新学科的轮廓已经开始成型。这个新兴的领域被命名为“神经寄生虫学”。不过，可不要被标签蒙蔽了眼睛。虽然神经科学家和寄生虫学家目前正在主导着这项研究，但它已逐渐吸引了越来越多的心理学、免疫学、人类学、宗教学和政治学等众多领域的研究者。

如果病原体对我们生活的影响真的如此深远，为什么我们现在才发现呢？一个可能的原因是，科学家此前低估了寄生生物的复杂性。在20世纪的大部分时间里，这些生物体复杂的生命周期，以及它们微小的体型和隐藏在体内的特征，使得研究它们的难度极高。认为寄生生物是低等、退化的生命形式，很大程度上是由于研究人员的无知而产生的。寄生生物无法作为独立、自由生活的生物存在，这一点被当作它们处于原始状态的佐证。处于进化阶梯高层的宿主可能会像牵线木偶一样被这种简单生物（许多甚至连神经系统都没有）玩弄于股掌之间。这种想法听起来似乎很荒谬。

直到20世纪末，人们还认为我们对寄生生物只有基本的行为防御。的确，那些细微适应行为——表现为自发的思想和感觉——几乎完全被忽略了，这可能是因为它们发生在我们的意识外沿。科学家和我们一样不了解潜意识冲动，因此这个“地下”王国之所以没被发现，只是因为没人想到去寻找它。

即使在今天看来，寄生生物—宿主关系的密切和复杂程度仍让许多神经学家和心理学家感到惊讶。外行人时常讶异于自然界如何让寄生性操纵出现得如此之早，有些手段看起来如此聪明和狡猾，简直只有人类或全知之神才想得出来。行为免疫系统的出现，加上这些手段，只会增加我们理解这种互动关系起源的难度。所以在继续之前，让我们停下来思考一下，演化是如何发生这种转向的。

寄生生物和宿主已经彼此竞争了数十亿年。第一批细菌被第一批病毒寄生。当更大的、多细胞的生命形式出现时，这些微生物相应地在它们身上定居。同时，寄生生物继续进化成不同形式的个体——蛔虫、蛞蝓、螨虫、水蛭、虱子等。随着生命规模和复杂性的增长，自然选择偏爱那些最擅长躲避宿主防御系统的寄生生物，以及最擅长击退入侵者的宿主。

如今，人体构造的各个部分几乎都见证了这场古老的斗争。我们最基础的防御手段是皮肤，它提供了一个厚厚的屏障，挡住了聚集在其表面的微生物群体。可以进入人体的部位都受到了十分严格的保护：眼睛里充盈的泪水可以冲走入侵者，[1]耳朵里的毛发可以防止虫子进入，鼻子里的过滤系统可以过滤空气中的病原体。进一步侵犯的入侵者只会遭遇更顽强的抵抗，例如，呼吸道产生的黏液会捕获入侵者。我们通过食物吞下的任何微生物很可能都在胃这口“大锅”里惨烈而死。胃里的工业级酸性物质完全可以把你的鞋子烧出个洞。[2]如果所有这些防御都被突破了，免疫细胞就会加入战斗。这支军队领头的哨兵会给入侵者做标记，紧随其后的是吞噬入侵者的白细胞和其他记录敌人标记的细胞，这样一来当身体再次遇到相同的敌人，就可以迅速调用新的军团。

在这样的火力下，你会认为人类应该总是胜利的一方。但是寄生生物相较我们而言拥有巨大的优势。它们惊人的群体规模，令我们相形见绌，而且它们快速的复制率确保了总会有少数占据优势的幸运变异体存活下来。宿主和寄生生物之间的战斗是一场无休止的军备竞赛。

在这种竞争激烈的环境下，任何通过偶然改变宿主的行为得以促进自身传播的寄生生物（例如，促使宿主靠近下一个宿主），都会迅速繁殖。由于宿主无法快速演化以识别寄生生物的各种新伎俩，因此宿主的最佳生存策略，就是获得能为他们提供更广泛保护的特征。比如让动物对常见传染源——如浑浊的水、粪堆或其群体中行为怪异的成员——感到厌恶的变异可能就起到了这种作用。这种心理性适应的优越之处在于，其抵御的不是一种而是成百上千种传染因子。这可是一本万利的好买卖，演化不可能错过这样的机会。此外，保护人体免受感染的本能反应也会通过学习和文化传播得到强化和改进，从而进一步发挥其益处。事实很可能就是如此。

尽管我们的噩梦中会出现狮子、熊、鲨鱼和挥着武器的人，但我们最可怕的敌人一直是寄生生物。中世纪时，欧洲三分之一的人被黑死病夺去了生命。[3] 在哥伦布

（Columbus）到达新大陆后的几个世纪里，95% 的美洲原住民丧命于天花、麻疹、流感和欧洲入侵者与殖民者带来的其他细菌。[4] 死于 1918 年西班牙流感疫情的人，比死在第一次世界大战战壕里的人还要多。[5] 疟疾是目前地球上最致命的传染因子之一，它可以称得上是有史以来的头号大规模杀手。[6] 专家估计，自石器时代以来，这种疾病已经杀死了半数在地球上存在过的人。寄生生物如何在我们之间传播，以及我们在应对这种排山倒海的威胁时发挥出的思维潜能，在这些问题上的新见解可能会对我们大有裨益。

一方面，这可能会催生出全新的方法来阻止这些可怕的传染因子的传播；另一方面，神经寄生虫学的研究能够拓宽我们对精神紊乱根源的了解，而通常我们并不会将其与寄生生物联系起来，这可能会使精神紊乱的预防与治疗取得进展。在不久的将来，这一领域最大的希望是，能够丰富我们对自己和我们在自然界中所处位置的理解。当然，关于这一前沿领域提出了一些极具挑战性的问题：如果病原体能扰乱我们的大脑，那么这将如何影响我们对自己的行为所负的责任？我们真的是自己想象中的自由思考者吗？寄生生物在多大程度上定义了我们的身份？它们如何影响道德价值观和文化规范？在本书的最后一章，我将试图挽救自由意志的概念。但请注意：它同时也遭受到了相当大的冲击。

Chapter

< 1 >

第一章　寄生虫时髦之前

当个寄生虫可不容易。当然，你可以白吃白喝，但是混吃等死的“米虫”的生活仍然充满压力。你必须能够适应一个、两个，或是三个不同的宿主——假如你属于吸虫那类寄生虫，这些宿主可能像地球和月球那样各不相同。从一个宿主转移到下一个宿主可能是一场“旅行噩梦”。请想象你是一只吸虫，你在蚂蚁体内生活了一段时间，但你只能在羊的胆管内进行有性繁殖。而蚂蚁并不在羊的日常菜单上，那么你该如何到达下一个目的地呢？

这个问题的答案让贾妮丝·穆尔（Janice Moore）开始了她的科研道路。[1] 1971年，她还是休斯敦莱斯大学的一名大四学生，学习着由该领域泰斗克拉克·瑞德（Clark Read）讲授的寄生虫学入门课程。瑞德是一个身材瘦长、气场威严、讲课风格古怪的人。他会抽着香烟，天马行空地用不同种类寄生虫的迷人细节吸引学生进入他的激情世界，他的介绍并没有明显的逻辑或秩序。但是他讲故事很有天分，他可以绘声绘色地描绘寄生虫的生活，让人几乎可以想象出成为寄生虫的感觉。他也知道该如何营造好的悬念，他就是这样吸引到穆尔的。

尽管瑞德告诉穆尔“要像吸虫一样思考”，穆尔还是无法想象如何让蚂蚁跑到羊的嘴里。事实上，没人能做到，因为寄生虫想到的解决方案荒唐得不可思议：它入侵蚂蚁大脑中控制运动和口器的区域。白天，被感染的蚂蚁和其他蚂蚁没有什么不同。但是到了晚上，它不会回到自己的巢穴，而是会爬到一片草叶的顶端，用下颚夹住草叶。它会那样悬在空中，等待羊过来吃草将其吃掉。不过，如果到了第二天早上这种情况还没有发生，它就会回巢。

“为什么它不一直附着在草叶上呢？”瑞德问道，他扫视着教室，好像在期待学生们能够理解吸虫的逻辑。“因为如果它这样做，”他告诉全神贯注的听众，“蚂蚁就会被正午的太阳晒死——这对寄生虫来说不是一个理想的结果，它也会随之死亡。”所以蚂蚁一晚接一晚地在草叶上来来去去，直到附着的草叶被毫无戒心的羊吃掉，吸虫这才终于进入了羊的肚子。

瑞德讲的故事让穆尔感到震惊。吸虫令人想起漫画中的大坏蛋，用一个操纵杆控制人们的思想，让守法的公民抢劫银行并犯下其他罪行，这样坏蛋就可以掌控世界了。吸虫这一壮举的相关报道来自 20 世纪 50 年代德国的一项研究，不过，让穆尔激动的是瑞德刚刚得知了关于另一种生物的研究，其结果与德国的研究相似。

这个故事的主角是一只棘头虫，一种长着刺头、身体松弛的寄生虫，它看起来就像一个长5—10毫米的虫状囊包。这种寄生虫在变成成虫之前，必须在小型虾状甲壳动物的体内成熟。这些甲壳动物生活在池塘或湖泊中，通常一遇到刺激就立马钻进泥土里。然而，这种寄生虫必须要进入绿头鸭、海狸或麝鼠的肠道才能进行下一阶段的发育，而这些动物全都生活在水面上，并且以甲壳动物为食。为了研究"偷渡者"如何偷渡成功，瑞德曾经的学生约翰·霍姆斯（John Holmes）——他现在已经是艾伯塔大学的教授了，和他的研究生威廉·贝瑟尔（William Bethel）将甲壳动物带进了实验室。他们发现，这些被感染的甲壳动物做了不应该做的事情。它们在遇到刺激时非但没有往下潜逃，反而蹦到了水面上，四处跳来跳去，就差大喊：看我！如果这都没有引起捕食者的注意，它们会附着在水禽和水生哺乳动物爱吃的植物上。穆尔惊讶地发现，有些甲壳动物甚至会附着在鸭子的脚蹼上，然后很快就被鸭子吞食了。

另一个有趣的细节吸引了穆尔的注意力。加拿大研究人员发现，甲壳动物身上偶尔会携带一种不同的棘头虫。他们的测试结果显示，当甲壳动物被这种棘头虫感染时，它们遇到刺激的反应也是向上游动，但它们会聚集在灯光明亮的地方。斑背潜鸭时常会在这样的地方出没。事实证明，斑背潜鸭就是这种特殊寄生虫的下一个宿主。

穆尔认为，捕食者和猎物间的许多互动并非像表面那样，而是受到了寄生虫的“操纵”。也许，因为生物学家们不知道视野之外发生的事情，所以他们一直都被蒙在鼓里！因此，如果寄生虫不仅大搞破坏直接导致宿主死亡或生病，而且还巧妙地改变宿主的行为使其生病，那么这将对生态造成巨大的影响。这意味着这些微小的生物体能将动物从一个栖息地带到另一个栖息地，带来的未知影响会波及整个食物链。

下课后，穆尔冲到瑞德面前。“我想研究这个问题。”穆尔说,脸上洋溢着兴奋。瑞德称赞了她这个冒险的决定，他们开始谋划未来。“你需要读一个动物行为学的硕士学位，然后攻读寄生虫学的博士学位。”瑞德建议道。穆尔也正是这么做的。

40 多年后，穆尔回想起那一天依旧忍俊不禁。[2]“我两眼放光，热情洋溢，完全不知道前路上有多少阻碍。”穆尔说，一想到自己年轻时的乐观态度就忍不住放声大笑。开朗的穆尔留着短短的卷发，她仍然带着得克萨斯州的低沉口音，自信又充满活力。现在，她是科罗拉多州立大学的生物学教授，她比任何人都要努力地让生物学界注意到寄生性操纵的变革本质，并鼓励新一代的科学家参与这项事业。她开创性的研究——更重要的是她的著作——

使人们看到了寄生虫让宿主服从其意志的各种方法，以及它们在生态学上具有颠覆性却往往未被重视的作用。在她看来，捕食者可能并非像自然纪录片中暗示的那样是最高阶的猎人。它们一天中捕食的很大一部分食物可能是寄生虫带来的低垂的果实。毕竟,当食物会自己跑到你面前时,你又何必要为之努力呢？也许，在这个她帮助创立的领域中最异端的观点就是，人们不应该认为动物总是按照自己的意志行动。许多甲壳动物、软体动物、鱼类和“几卡车的昆虫”,穆尔说,“都因为寄生虫而行为怪异”。[3]她还提醒，认为像我们这样的哺乳动物似乎不常受到寄生虫的侵害操纵，这种观点可能源于无知。[4]她可以确信的是：一个未被发现的动物行为世界最终将指向寄生虫。在她看来，相比其他物种而言，寄生虫对某些物种的摆布更难被验证。

穆尔和越来越多志同道合的科学家开始在各自的研究中取得进展，不过这是一个漫长的过程——这也是我们 2012 年春天第一次会面的原因。我们都跋涉了数千英里，来到意大利托斯卡纳的乡村一隅，参加史上第一届专门讨论寄生性操纵的科学会议。顶级刊物《实验生物学期刊》(*Journal of Experimental Biology*)赞助了这一历史性的活动，并吸引了来自世界各地的数十位研究人员，这是对该学科所取得成就的认可，也是反思该学科要获得与其重要性相称的地位还需要走多远的机会。虽然穆尔很高兴看到他们的工作开始在自己的专业之外掀起波澜，但让她感到沮丧的是，许多科学家仍然不能理解寄生性操纵在自然界中的普遍程度。她抱怨说，即使是在生物学的诸多领域中，“它们也常常被视作有趣的把戏或独特的新奇事物而已”。

神经寄生虫学面临着另一个语义学上的挑战。穆尔说，定义哪些行为构成了操纵，这本身就是个棘手的问题。严格说来，她和大多数同事都认同操纵指的是寄生虫诱导其宿主做出的行为，这种行为有利于寄生虫的传播，但却以损害宿主的成功繁殖为代价。不过这个看似直白的定义一应用到现实世界，可能就会变得非常模糊。例如，如果一种感冒病菌让你忍不住咳嗽，那是因为你的身体试图将病菌从肺部清除出去，还是因为寄生虫导致你的喉咙发痒，从而让你传播病菌？还有这种情况：家养母鸡可能更爱吃感染了寄生虫的蟋蟀，因为寄生虫会损伤昆虫的肌肉，让这些蟋蟀动作更慢，也更容易被捕捉。这种寄生虫需要进入母鸡体内才能繁殖，但它到底是真的在操纵蟋蟀还是仅仅在伤害它呢？相比之下，蚂蚁被吸虫入侵大脑后爬到草叶上去，很少有人会认为这种行为仅仅是疾病的副作用。那么，你会将“操纵”的定义拓展到什么程度呢？

穆尔承认这并不容易判断。但令她惊讶的是，即便某种行为明显属于操纵，也并不能从许多科研人员报告的谨慎口吻中看出来。在听了一位科学家的演讲后，她说：“去年我审阅的每篇论文差不多都有相同的免责声明，几乎一字不差：‘宿主行为的改变可能是由寄生虫操纵或病理学原因造成。’我们什么时候才有信心说某个现象不仅是疾病的副产品，而且明显是一种操纵行为？”她的同事们点头表示赞同。

后来，我问她为什么研究人员会害怕表达自己的观点。“因为审稿人几乎总是让你用那个限定词”，否则他们不会接收文章出版，她回答。挑战现状的想法往往会遇到阻力，而“病理学”，她说，“是默认的解释”——一条保守的退路，即使这是最不可能的解释。

在这个问题上，思想传统的生物学家非此即彼的僵化想法也让穆尔感到恼火。她说寄生虫和宿主在相互斗争中的行为并非总能被“清晰地归到一类”。也许你的咳嗽既代表了你的身体驱除病菌的努力，也代表了寄生虫传播自己的决心。甚至天敌之间也可以有相同的目标。在她看来，坚持认为寄生虫引发的宿主的行为应该完全符合操纵的特征，以此来确保科学界的兴趣，这种行为同样是愚蠢的。为了说明观点，穆尔指出她的一名研究生最近发现被蛔虫感染的蜣螂（屎壳郎）挖出的洞穴更浅并且粪便的摄入量会减少 25%。“这具有非常重要的生态学意义，”她强调道，“事实上，澳大利亚不得不进口蜣螂，因为它们在粪堆里根本忙不过来。这就是一个作为‘生态工程师’的蜣螂被寄生虫操控的例子。因此我们把这个研究提交给了《行为生态学期刊》(*Journal of Behavioral Ecology*),但编辑甚至没有把文章发出去送审。编辑回信称‘这显然只是一个病理学案例’——好像说这么一句有什么意义似的。真是令人恼火!”

穆尔在谈起自己向无知的人宣讲时似乎有些生气,这也是可以理解的。尤其在她职业生涯的开端,她时常觉得自己就像一只在荒野中嚎叫的孤狼。[5]与其说她的想法受到了鄙视,倒不如说是被忽视了。她在克拉克·瑞德的课上恍然大悟的时候,许多生物学家就对寄生虫嗤之以鼻。他们认为寄生虫过于原始又令人厌恶,并不值得研究。羽毛华丽的鸟类和大象、狮子等大型哺乳动物被认为是更适宜的研究对象。寄生虫所受到的关注,几乎全都来自兽医或医学研究人员寻求遏制疟疾和霍乱等流行病的领域,很少有人关心它们对生态的影响,更别说探索它们如何对动物发号施令了。

穆尔走进了这个世界,这位年轻的女士正是这个观点的支持者。她不但特立独行,而且——她自己也承认——“天真得无可救药”。

她在得克萨斯州大学奥斯汀分校获得动物行为学硕士学位后,开始在巴尔的摩的约翰斯·霍普金斯大学攻读寄生虫学博士，她当时以为自己可以直接扎进感兴趣的领域。“我对要如何开展实际的研究毫无头绪——研究生不能决定自己的研究计划，而应该致力于导师最感兴趣的问题。”事实上，她的导师希望她把精力放到绦虫的生物化学研究上，但她对这个问题不感兴趣。穆尔是系里唯一的女研究生，她觉得自己和同学们有些隔阂，这让她很难适应霍普金斯大学的生活。结果，她对其他人眼中该领域里的重要问题知之甚少。讽刺的是，这一点可能既帮助又阻碍了她作为一名科学家的发展。当我问穆尔她在这方面的信息缺失是否让她能够跳出条条框框来思考时，她反驳道："我甚至不知道还有什么条条框框！"

她在别的方面也格格不入。科学本质上是精简的，其理念是把大问题分解成更容易入手的小问题。但是穆尔一直是个有大局观的人。她几乎可以看到所学的一切之间的联系，而且也喜欢整合信息。她念本科时就为选专业而苦恼，最后她考虑到专业的广度而选择了生物学。她想，研究地球上每一种生物的学科不会对她有太大的限制。出于类似的原因，当她需要决定在该领域中的专长时，寄生虫学和动物行为学吸引了她。她说："这个领域看似能将众多的事物整合起来，但以我当时的年纪，我完全没有意识到这样做的难度，其实不同事物之间常常无法整合。"想到自己年轻时那股初生牛犊不怕虎的冲劲儿，她再次哈哈大笑了起来。

她一想到操纵性寄生虫重新安排食物链的宏伟蓝图就感到兴奋，但她却不知道该如何设计一个实验来验证她脑海中纷繁庞大的想法。霍普金斯大学拥有强大的寄生虫学和生态学系，一开始这里似乎是学习该技能的最佳场所。但令穆尔感到失望的是，这些研究团队之间缺乏紧密的联系。“他们认为各自的研究都很不一样，”她解释道。因为没有人指导她该如何将这些学科联系起来，她那在更广阔的背景下研究寄生性操纵的目标似乎远远超出了她的能力范围。

更令她沮丧的是，每当她试着让别人看到寄生虫可能是“提线木偶”背后的操纵者时，她都得不到什么热情的回应。在一个潮间带海蜗牛生态学的研讨会上，她问演讲的科学家有没有检查软体动物体内是否有吸虫。被寄生虫感染的蜗牛与未被感染的蜗牛相比，出没的地点常常不同，她援引了一篇她刚刚读到的论文解释道。那位研究者明显不高兴了，在他看来，他记录的无数影响蜗牛行为的因素已经够他忙的了——迁徙的捕食者、水流的改变、每日的温度波动等。穆尔却还建议他应该注意别的问题。穆尔并非不赞同他的观点，毕竟研究野外的寄生虫至今仍是一项艰巨的任务，但当时他的反应给她带来了沉重的打击。

穆尔看不到出路，她决定第一年结束时从霍普金斯大学退学。圣诞节前，她回到了得克萨斯州，计划联系她之前的教授瑞德，瑞德已经表示愿意指导她进行寄生性操纵者的研究。但是就在他们约定见面前不久，瑞德意外地死于心脏病突发。这让穆尔感到十分悲伤，学术上也没有了方向。她咨询了许多其他大学，寻找可能为她提供类似机会的博士项目，但是当时神经寄生虫学在科学家眼里甚至连一丝希望的微光都算不上。加拿大科学家约翰·霍姆斯（John Holmes）实验室的研究显示，一些甲壳类动物会按照寄生虫的指令行动，但即便是他也没有积极地从事这方面的研究。霍姆斯解释说，这只是次要的研究兴趣。穆尔走进了死胡同。

由于没有更好的选择，穆尔在华盛顿大学一个昆虫学家的实验室里找了个技术员的工作。她与这位昆虫学家的研究兴趣并不重合，但她很快就时来运转了。这位昆虫学家林恩·里德福德（Lynn Riddiford）是那个时代的罕见人物，一位成为其专业领域佼佼者的女性，而且也是一位了不起的榜样。穆尔在她身边学会了如何构思、获得资助和实施研究项目——说到底这些就是成为一名成功科学家的基础。这段经历赋予了她力量，并使她对自己的想法重获信心。也许是因为她更把自己当回事儿了，其他人也是如此。走了三年的弯路之后，穆尔被新墨西哥大学一个特别的博士项目录取了，这个项目提供资金支持学生设计自己的研究课题。

穆尔不想搞砸这个好机会。当时，她清楚自己没能力将所有的观测结果都整合联系起来，仅仅能识别出尚未被发现的寄生性操纵就算胜利了，如果她能证明这些操纵让宿主在野外环境下变得更容易吸引捕食者就更好了。她也从里德福德那里学到了设计严密实验的重要性，实验最好具备一个简单的、易于执行的前提。经过一个学期对学术论文和教科书的搜索，她终于找到了理想的研究对象。这是一种棘头虫，它轮流寄生于两种十分常见且易于观察的宿主——八哥和鼠妇（孩子们通常称鼠妇为团子虫，因为它们在被触摸时会蜷成球状）。仅凭一点点直觉，穆尔推测，寄生虫会让鼠妇做出一些行为，增加其被八哥吃掉的概率。

她的实验装置是一个玻璃的平底盘子，尼龙网罩住了大部分盘子顶部，还有另一个倒扣的盘子做盖子。[6]她将感染和未被感染的鼠妇混合在一起放在尼龙网的顶部，然后在隔板的两侧分别加入不同浓度的盐，这样就创造出一个低湿度的隔间和一个高湿度的隔间。她发现被寄生虫感染的鼠妇更容易被吸引到低湿度的区域。在野外，干燥的区域往往都是暴露的空间，因此她认为被感染鼠妇的行为会让它们更容易被捕食。在另一个实验中，她搭起了一个掩蔽所，在四个角落各放置一块石头，在四块石头上方又搁了一片瓷砖。实验发现，被感染的鼠妇比未被感染的鼠妇更喜欢出去，进入开放的空间。在另一个实验中，她用黑色碎石铺满了盘子的半边，另外半边铺满白色碎石，以此来测试寄生虫是否影响了宿主伪装自己的能力。鼠妇是黑色的，所以她推测被感染的鼠妇更有可能出现在白色碎石上，它们在那儿更容易被鸟类发现。实验结果也的确如此。

她已经在实验室里证明了自己的论点，但是她的发现在野外环境中还能站得住脚吗？由于人们很难在寄生虫自身的寄居环境中研究它们，所以还没有科学家能够衡量寄生性操纵的生态学影响。但是对此穆尔有个机智的计划。繁殖季节，她在校园里为八哥搭建了巢箱。她将管道清洁绳绑在八哥雏鸟的喉咙上，绑的松紧度不至于伤害到它们，但是可以阻碍它们吞咽。然后，她收集了八哥雏鸟父母喂给它们的猎物，并解剖当天捕捉到的所有鼠妇。她发现，1/3 的八哥雏鸟都被喂食了受到感染的鼠妇，尽管巢箱附近只有不到 0.5% 的鼠妇携带寄生虫。显然，寄生虫引发的宿主习性变化让宿主成了更有吸引力的猎物。

一两个具有非凡操纵能力的寄生虫案例很容易被归为奇怪的反常现象而被忽略。诚然，这很有趣，但这只不过是我们理解自然选择的一个注脚。不过，从趋势来看，这样的例子会越来越多。当穆尔的研究结果于 1983 年刊登在期刊《生态学》（*Ecology*）上时，它不仅是因为这个原因吸引了人们的注意力，也因为更广泛的发展席卷了生物学界。寄生虫在长期被视为恶心的低等生物而受到忽视后，开始被视为有趣甚至是崇拜的对象。正如穆尔所说："它们变得很酷。"

我们还不清楚这种情况为什么会发生。科学和所有领域一样，都受到潮流的影响，但是与穆尔的八哥研究不谋而合的是，一系列指出寄生虫生态重要性的论文开始在科学期刊上发表，这些论文的作者包括进化生物学的巨擘罗伯特·梅（Robert May）、罗伊·安德森（Roy Anderson）和彼得·普莱斯（Peter Price）。大约同时，另一位著名的进化生物学家理查德·道金斯（Richard Dawkins）出版了一本畅销书《延伸的表现型》（*The Extended Phenotype*），此书进一步触及了寄生性操纵的主题。他在书中提出，基因是否能遗传下去，不仅取决于它如何影响其所属身体的特征或表型，还取决于它对其他动物的影响。针对这种情况，他举了一个例子：自然选择偏爱能通过改变宿主行为来繁殖自己基因的寄生虫。

寄生虫的忽然流行助了穆尔一臂之力。《科学美国人》（*Scientific American*）杂志以报道前沿研究闻名，杂志编辑邀请穆尔写一篇综述文章，将她的鼠妇研究成果置于一个更大的框架之下。穆尔除了强调德国和加拿大的研究之外，还梳理了其他科学文献中值得注意的寄生性操纵案例，这些案例以往都被忽视了。她用生动易懂的文字解释了它们的意义。[7]

“科幻小说中最常见的桥段之一就是外来寄生虫入侵人类宿主，并且当它们繁殖并扩散到其他不幸的人身上时，会迫使人类服从它们的命令，”穆尔在1984年5月的这期杂志中写下了这样的文章开场白，“然而，寄生虫能够改变另一种生物体行为的想法绝不仅仅是虚构。这种现象并不罕见。人们只需要在湖里、田野上或森林中找找看就能发现。”

很快，如人们所知，“操纵假说”引发了科学界的热切讨论。[8]正应了路易斯·巴斯德（Louis Pasteur）的那句名言：“机会总是偏爱有准备的人。”寄生虫有可能是伪装起来的“独裁者”，这个消息一经传开有更多的人开始注意到动物行为的异常。好奇的人们开始怀疑这些异常行为的罪魁祸首是不是传染性生物。

然而，尽管科学家对这个想法感到兴奋，这个领域的流行却转瞬即逝。开展这项研究需要面临的实际挑战很快就使人们对它的热情冷却下来。即便不考虑寄生虫的问题，观察动物行为也是一项困难的任务。研究人员可能需要花费数不尽的时间，穿着潜水装备待在水下，用吊索悬挂在森林树冠的顶部，或者夜间用手电筒在沼泽地里寻寻觅觅。由于一个寄生虫可能有两三个宿主，仅仅是弄清楚其生命周期的细节就可能是一项艰巨的任务。更进一步的挑战是估算每个种群的感染率，这通常意味着要捕捉几十或几百个潜在宿主，并且要从宿主身上抽血，收集粪便，或者杀死并解剖它们。然后——假设你克服了所有这些障碍——真正困难的部分来了：确定这个“搭便车”的家伙是否真的在操纵宿主。如果是，它是如何操纵的，又是出于什么目的。这部分研究最好在实验室里开展，但是许多动物不愿意在被困住的条件下进行日常活动。人类可能是更愿意合作的受试者，但是怀疑精神疾病或其他异常行为可能与寄生虫有关的科学家遇到了更大的障碍：他们不能用自己选择的寄生虫来感染受试者，然后观察受试者的习惯或倾向是否会改变。

鉴于以上原因，很难找到有耐心和毅力从事这类工作的研究人员也就不奇怪了。这也是为什么时至今日，人们仍倾向于关注捕食者和猎物之间的相互作用，而忽略其中隐藏的“乘客”——它们可能拥有与搭乘的载体非常不同的目的。尽管如此，到了世纪之交，科学家已经成功发现了几十例寄生性操纵的现象，这些操纵行为影响着动物王国中几乎每一个分支的宿主。穆尔作为集大成者，于2002年将所有的已知案例汇编成一本书：《寄生虫与动物的行为》（*Parasites and the Behavior of Animals*），这本书至今仍被视为该领域的“圣经”。她写这本书的目的是激发人们创造性地思考寄生虫如何运用其“黑魔法”，并且揭示统一的原理。她试图确定：寄生虫以宿主的中枢神经系统为目标的频率如何？寄生虫对相近的物种会采用类似的胁迫策略吗？非常复杂的操纵行为可能有简单的基础吗？最重要的是，她的思考集中在一个问题上，这个问题当她还在克拉克·瑞德的班上时就吸引了她：你能通过动物体内的寄生虫预测动物的行为吗？

穆尔仍在试着去回答这些问题。她承认大致的模式正在浮现，但具体细节还很粗略。而且她手上的任务也越来越繁重。现在又有数百种寄生虫被怀疑是操纵者，但她推测真实的数量可能上千。“我们只是还没有遇到它们，”她说。这不仅仅是因为研究动物行为有困难或者是对人类进行实验的禁忌，可能最大的障碍是我们被自己的感官禁锢了。很简单，我们对世界的理解过于依赖双眼所见。穆尔在会议上演讲时，通过讲述蝙蝠回声定位的发现经过强调了这一点。

自 18 世纪以来，研究人员就知道被蒙住眼睛的蝙蝠可以灵巧地穿梭于丝线之间，但是被蒙住耳朵的蝙蝠则会跌到地面上。[9] 然而 150 多年来，科学家拒绝相信动物能听到人类听不到的东西。在 20 世纪 40 年代早期，随着在超声波范围内探测声音技术的进步，人们发现蝙蝠可以听到自己叫声的回声。不过，直到二战结束，关于雷达和声呐发展的军方文件被解密后，蝙蝠能够利用这种能力定位的观点才被完全接受。

穆尔说，考虑到这一点，我们应该注意到如今为人所知的大多数操纵行为都是肉眼可见的，比如中间宿主让自己置身于对比鲜明的背景下，或疯狂地四处移动，或到它通常不会出现的地方去。因为这些现象会吸引人类的注意力，所以我们很容易理解为什么它会被捕食者（寄生虫的下一个宿主）注意到。但是，如果寄生虫在我们感官所不能及的地方改变了动物行为，从而有效地暴露了动物的行踪，那么情况又如何呢？例如，寄生虫可能会诱导它的宿主留下一条气味轨迹，而我们的鼻子嗅不到这种气味，或者让宿主发出超出我们听觉范围的声音，又或者促使宿主暴露出在我们看来颜色暗淡，但在寄生虫的下一个宿主眼里色彩鲜亮的身体部位。这位变成吸引捕食者“靶子”的动物甚至可能是我们中的一员。我们将在后文看到，人们现在怀疑，一些导致可怕灾害的寄生虫通过改变人类的体味来促进自己的传播。穆尔说："考虑到这些可能性，我们怎能不疑惑，在感官之外的疯狂信息世界里，我们究竟忽视了哪些操纵行为呢？"

紧随其后走上演讲台的是新西兰奥塔哥大学的生物学家罗伯特·普兰（Robert Poulin），他同意穆尔所说的科学家忽视了上千种操纵行为，但有趣的是，他提出的原因与穆尔不同。[10] 他指出，许多操纵者可能只会让宿主的正常习惯发生微小的改变——当科学家将宿主群体与未感染群体的普遍行为进行比较时，这一点差异可能更容易被忽略。例如，寄生虫可能会稍微改变动物去某个地点的频率，改变它们一天中最活跃的时间段，或者促使宿主在错误的情况下以惯常的方式行动。比如，当其余的鸟展翅飞翔时，受感染的鸟却在地面啄食。他提出，“捕食者对任何让猎物变得显眼的改变都非常敏感，无论这种改变多么微不足道”，因此，这很可能是一个非常有效的策略。此外，这种细微的改变也不是难以实现的目标，因此演化可能更偏爱这种简单的策略。这意味着对人类而言，我们可能要用更精细的手段来研究动物行为，才能发现寄生虫对我们的影响。例如，我们不仅应该将可疑的寄生虫与明显的精神疾病联系起来，还应该将它与人类性格和习惯的细微改变联系起来，这些改变可能完全合乎常规。

幸运的是，现在我们更容易检验这些理论，而且找到了一些重大科学问题的答案。蝙蝠回声定位的发现表明，开辟新的领域往往离不开科技的进步。在这方面令人振奋的消息是，科学技术终于开始追赶上了寄生虫的复杂性。过去十年里，用于了解操纵行为背后机制的工具有了显著的进步。因此，研究人员有了更好的方法来认识宿主体内的寄生虫，并识别与宿主行为变化相关的基因、神经递质、激素和免疫细胞。我们完全弄清楚了的操纵行为还很少，但是正如接下来的几章所示，科学家现在找到了一些极好的线索。这真是个好消息，因为如果我们要“像吸虫一样思考”，我们就需要理解它们的小把戏。

Chapter

< 2 >

第二章　搭便车

传闻报道是很疯狂的。据称，通常栖息于森林地面且不会游泳的蟋蟀会一头扎进池塘和小溪里。弗雷德里克·托马斯（Frédéric Thomas）怀疑，导致这些蟋蟀自杀的幕后元凶是它们溺水时从这些昆虫体内扭动而出的寄生虫。不过，得到确切答案的唯一方法是前往新西兰，那里曾报道过这种现象。[1] 1996年，法国蒙彼利埃大学的演化生物学家托马斯向法国政府申请经费研究这个问题，他自信自己的提案会获得资助。虽然他才刚取得博士学位，但他已经有14篇科学论文发表了，对一个如此年轻的科学家而言，这是一个惊人的数字。因此，他认为那笔经费十拿九稳。更何况，一种动物做出这种明显违背自己最大利益的行为，显然是一个值得研究的问题，起码他是这么认为的。令他震惊的是，法国国家科学研究中心（CNRS），一个相当于美国国家科学基金会的机构，竟然拒绝了他的提案。他告诉我，他对他们的决定感到愤怒，他决定绝食抗议。

一时间，我以为他在和我开玩笑。但是他严肃的神情表明他是认真的。在托斯卡纳一场主题为寄生性操控的会议间歇，我俩站在游廊上聊天，后来我还在大会上遇到了穆尔。托马斯身材瘦削，头发乌黑蓬乱，给人以随和、低调而自信的印象，并且他对自己的研究充满热情。现在我简直怀疑他对自己工作的热情是不是近乎疯狂了。迄今为止，CNRS是法国最大的科研资助者，所以用威胁来惹恼那里的人可不是什么好主意。我审视着他的面庞。我是不是哪里没弄明白？我是不是误解他了？

事实上，我的确误解了他。他澄清说自己并没有告诉CNRS如果那笔研究经费不到位就绝食抗议。他告诉了法国总统。“我直接写了封信给雅克·希拉克（Jacques Chirac）。”

你大概会猜想一位基层官员打开这封信，一笑置之，然后把它扔进废纸篓。但出人意料的是，他的抗议随着指挥链层层传递到了高级官员那里。

他的信非但没有成为笑柄，反而让法国政府陷入了恐慌。行政官员立马被派往他所在的大学，给他的系主任施压，让其阻止托马斯将抗议付诸实践。官员们暗示系主任，如果他不能阻止托马斯绝食，那他们两位科学家都将被撤销科研经费。显然，官员们一想到瘦弱的托马斯会激起群众对政府的反感情绪就感到不安。重压之下，托马斯最终同意撤回他绝食的威胁。

这位生物学家深感沮丧，焦虑地思考着下一步该怎么办。这时，瑞士亿万富翁吕克·霍夫曼（Luc Hoffmann）通过另一位科学家得知了他的困境，出手为他解围。霍夫曼因慈善事业和对生物多样性的浓厚兴趣而闻名，他提出为托马斯支付一半的考察费用。有了这一支持，托马斯得以从新西兰大使馆和其他来源处弄到了另一半资金。法国政府也给托马斯拨了一笔小钱，庆幸终于可以摆脱他了。

托马斯很高兴能将烦恼抛诸脑后，他启程前往新西兰，并联络了当地奥塔哥大学由罗伯特·普兰领导的一个团队。普兰是托马斯非常钦佩的一位演化生物学家，就是从他那里,托马斯得知了关于蟋蟀的信息。两人一拍即合。普兰身材高大，嗓音温柔动听，性格和蔼。他在加拿大的法语区长大，因此，他和托马斯除了有共同的科研兴趣之外，还说同一种语言。不过他们的蟋蟀调研没有取得任何进展。他们遇到了穆尔提醒过的各种障碍，这些障碍会破坏对寄生性操纵的研究：这种昆虫只在夜间从洞穴中出来，而且多藏身于低矮的灌木丛里，绿色的身体与周围环境融为一体，即使在视野开阔的情况下也很难看到。尽管研究团队打着手电筒一夜又一夜在户外搜寻，常常还要手脚并用地在低矮的灌木丛中爬行，他们还是只抓到了少量受到寄生虫感染的蟋蟀——远远没有达到能够进行实验、获得有效结果的数量要求。托马斯在经过与法国政府斗争并长途跋涉了几千英里之后，不得不承认自己失败了。

他不是一个会白白浪费机会的人，所以他转向了另一个科研项目，不过在此之前，他给一位大学同事发了张照片，照片中一条寄生虫正从蟋蟀体内钻出来——“告诉你一下我的近况，‘看看我在做什么’”。这位朋友将这张照片贴在了系里的茶水间，一名实验技术员碰巧看到了这张照片。他写信给托马斯说，他有一个在蒙彼利埃的表亲是清扫游泳池的，池子里满是这种虫子。

托马斯对此持高度怀疑的态度。科学家说的线形虫指代一大类线状生物，多达 300 种，之前调查的新西兰那种寄生虫仅仅是其中之一，所以他觉得是那位技术员弄错了。不过当他回到法国时，他和技术员的表亲见了一面，并给了对方一罐酒精，让对方把能在游泳池里找到的虫子都泡在里面。托马斯还以为自己再也见不到这位老兄了，但一周之后，对方就带着满满一罐虫子回来了。

对方告诉托马斯这是从附近度假村的游泳池里收集来的，托马斯非常好奇这些虫子是怎么跑到那儿去的。托马斯告诉我 :“我说服我妻子一起去那儿度个浪漫的假，因为那里有个酒店，里面的餐厅特别好，还有鹅肝。酒店附近就有温泉 SPA。”他说起这件事的时候，脸上露出了调皮的笑容，暗示了这可能是个虚假的借口。在享用了一顿美餐之后，托马斯没有和妻子一起回酒店房间休息，而是从汽车后备箱里取出试管，回到泳池边开始监视水面。不久，他看到一只蟋蟀爬到了游泳池边。他马上产生了一股一脚踩上去的冲动。你可能会认为，他经历了那样漫长的旅程才走到现下这一步，应该能控制这股冲动。但他最终还是将蟋蟀踩死在了游泳池边的地板上。他抬起脚来，看到一只 3 英寸长的虫子从昆虫的残躯中爬出来——这正是在新西兰发现的寄生在蟋蟀身上的虫子！他绕了大半个地球跑去新西兰研究的，正是这种在自家后院就能找到的寄生虫和宿主。

几分钟后，又一只蟋蟀出现了，它一头扎进游泳池。托马斯俯下身去，近距离观察。一根"会动的头发"从它的身体里扭了出来。"我觉得自己快哭了，"他说，"真是不可思议。离我在蒙彼利埃的家 75 千米之处，就是世上研究这种蟋蟀最好的地方。"夜里，在游泳池被灯光照亮的蓝绿色背景下，汹涌而出的虫子就像舞台上被追光灯照耀的演员一样清晰可见。随后，托马斯和他的学生在阿韦讷（Avène-les-Bains）森林附近的露天池塘边展开了实地调研，他们有丰富的机会来观察这一令人震惊的景象。这些线形虫除了寄生在蟋蟀身上，还出现在蚱蜢和螽斯体内，它们也被水源吸引了。的确，"被蛊惑"的昆虫成群结队地来了。在一个普通的夏夜，一百多只昆虫涌向了池塘。

为了理解这种线形虫是如何编排这一场惊人演出的，托马斯的团队开始研究它的生命周期。首先，这种水生寄生虫是如何进入生活在陆地上的蟋蟀体内的呢？

团队发现，这种线形虫一旦脱离宿主，就会在水中交配，然后雌虫产卵，卵再发育成幼虫。它们游来游去的时候，会遇上更大的蚊子幼虫，线形虫幼虫会跳到蚊子幼虫身上，像小型囊肿一样藏在它们体内（想想嵌套在一起的俄罗斯套娃）。当这些蚊子幼虫长成带翅膀的成虫时，它们会带着寄生虫一起飞到地面上，并会在那里死去，然后被蟋蟀吃掉。这时，休眠的寄生虫复苏了，并持续生长为成虫，成虫的身体展开的长度是蟋蟀的 3–4 倍。

该团队勾勒出了线形虫生命周期的大致轮廓，但是他们很少见到跳进自然水体里的蟋蟀——他们希望能碰见这种情形，因为池塘和溪流不同于游泳池，里面有许多鱼和青蛙。蟋蟀跃入水中溅起的水花会惊动这些捕食者，让它们争先恐后地捕捉着扭动的蟋蟀。线形虫必须以非常快的速度离开宿主的身体，才能避免被吃掉。线形虫的速度能有这么快吗？

为了弄清楚这个问题，托马斯从一家医疗供应商那里买来了一只青蛙，并在实验室里用一个鱼缸来模拟寄生性操纵发生的自然条件。他把一只被感染的蟋蟀放进鱼缸，然后退到一旁静观其变。眨眼间，青蛙就把蟋蟀给吃掉了——包括蟋蟀体内的线形虫。托马斯懵了。为什么线形虫在野外就能从捕食者那儿逃脱，在模拟实验中就和宿主一块儿死了呢？这完全说不通。

不一会儿，他找到了答案。那只线形虫从青蛙的嘴里扭了出来，然后游走了！托马斯发现，线形虫被吞下之后其实到了青蛙的胃里，然后才转身游回青蛙的喉咙。有时，它还能从青蛙的鼻孔里逃出来。当鱼咬住了受到感染的蟋蟀时，线形虫会从鱼的鳃中逃脱。这真是一位自然界中难逢敌手的逃脱艺术家，动物世界中的胡迪尼。*

"这样抵御捕食者的防御机制真是前所未见，"托马斯说。普兰加入了我们在游廊上的谈话，他是这样描述寄生虫的壮举的："就好像你体内有一只绦虫，狮子把你吃了，然后虫子却从狮子嘴里爬了出来。"托马斯团队的研究结果发表在英国《自然》（*Nature*）杂志上，这是科学领域最具竞争力和声望的期刊之一。"我花了 25 欧元（当时大概值 35 美元）买青蛙，这就是实验的总成本。"托马斯得意地说。

这里头最难破解的谜题是，寄生虫到底如何将宿主引诱到了这片"水中墓地"。托马斯的团队近年来发现了许多线索，这些线索一条比一条令人着迷。他们发现，一只

* 哈利·胡迪尼（Harry Houdini），美国魔术师、知名逃脱艺术家。——译者注（本书脚注如无特别说明，均为译者注）

受到感染的蟋蟀先是行为出现异常，这让它跌入池塘或溪流的可能性大大增加。随着寄生虫的身体变大，几乎所有的蟋蟀内脏被消耗殆尽。蟋蟀不知道出于什么原因开始更积极地寻找水源。托马斯想知道，是不是寄生虫让宿主变得更加口渴了呢？还是它要了别的手段？

为了找到背后的机制，托马斯的团队在蟋蟀跳入水之前和之后从它们的身体中提取出了线形虫。然后托马斯的研究生大卫·比隆（David Biron）利用蛋白质组学——一种识别生物体制造的蛋白质的新技术——探索了这一现象背后的玄机。大卫现在是一名分子生物学家，他在法国南部的国家科学研究中心和克莱蒙费朗第二大学工作。

结果令人大开眼界。这种线形虫产生了大量的神经化学物质，这些物质与蟋蟀体内的常见物质非常相似。“如果我们说的不是同一种语言，”托马斯解释道，“我们就无法交流。所以如果我是寄生虫，我会想用同样的语言和你说话。自然选择机制促使寄生虫产生蟋蟀能识别的物质。”这能促进它们彼此“唠嗑”。这样，寄生虫就能告诉蟋蟀自己想要它做什么。

最近，比隆领导的一个团队有了另一个有趣的发现。与健康的对照组相比，受到入侵的昆虫拥有更多与视觉有关的蛋白质，这可能改变了昆虫的视觉认知。这一发现促使法国的研究人员去考察携带寄生虫的蟋蟀是否会被光线吸引。事实的确如此，而健康的昆虫则更喜欢黑暗。“如果你是一只生活在森林里的蟋蟀，”托马斯说道，“那么夜里你周围最明亮的是什么？”是充满水的开放区域，这是绝佳的月光反光镜。他认为，寄生虫通过调节蟋蟀的视觉系统来迷惑它的宿主。它会对昆虫耳语：“走向光明吧。”

托马斯的故事还有一个讽刺的后续。他现在带领着蒙彼利埃国家科学研究中心的一个团队，在法国政府眼里，他显然不再是一个不受欢迎的人了。2012 年，他凭借寄生性操纵和其他生物学课题方面的工作赢得了 CNRS 银奖——这是授予科学杰出贡献者的法国最高国家荣誉之一。

我们很难想象寄生虫能诱使人类跳入水中，但的确有一种寄生虫能做到这一点，它名为麦地那龙线虫。令人称奇的是，它在不产生神经化学物质也不靠近人类大脑的情况下实现了这一壮举。

麦地那龙线虫目前主要出现在苏丹地区，当人们饮用被携带麦地那龙线虫幼虫的水蚤污染的地表滞水时，它就会进入人体。[2] 人体的胃酸会杀死水蚤，但不会杀死其中的寄生虫。寄生虫幼虫会长成成虫，它们沿着肠壁滑动并在腹部肌肉内交配。雄虫长仅 1 英寸，会在交配后死亡并被人体吸收。但是雌虫会越来越长，最终长到 3 英尺（我曾经见过一条蜷缩在甲醛瓶子里的雌虫，那可不是什么令人愉悦的景象：它看起来就像一根很长的意大利面）。

随着寄生虫的成长，它通过人体的结缔组织蜿蜒到下肢——通常到脚或小腿。大约一年后，雌虫会怀上一窝不安分的幼虫。为了将它们带到这个世界来，雌虫会迁移到人的皮肤表面。

在这之前，寄生虫已经用了各种各样的诡计来确保不被人体的免疫系统发现，但是现在雌虫会释放一种酸性物质让受害者的皮肤产生一种疼痛的水疱（这种疾病被称为麦地那龙线虫病“dracunculiasis”，拉丁文的意思是“小龙导致的痛苦”）。如果雌虫足够幸运，这种烧灼感会迫使患者将发炎的肢体浸入附近的水源。虫子一感觉到水环境，就会穿透患者的皮肤，然后从它的嘴中排出幼虫。[3]雌虫每次抽搐都会排出成百上千只幼虫。在接下来的几天里，雌虫只要接触到水就会吐出数以千计的虫宝宝。它们一旦被放出来就会四处游动，直到在一只新的水蚤体内找到落脚处，然后重复这种可怕的循环，折磨更多人——或者有时折磨同一批人（人们不会对其产生免疫力，所以会被再次感染）。

就在 20 年前，麦地那龙线虫感染了 20 多个国家的约 350 万人。[4]不过如今，由于教育的普及和便捷、便宜的水过滤系统，这种疾病已经处在灭绝边缘了，每年发生的麦地那龙线虫感染的病例不到100例。[5]现在，即使在寄生虫的最后抵抗区——非洲最贫穷的一些角落，人类宿主听从寄生虫的命令奔向水源的现象也非常罕见了。

有些寄生虫不仅改变宿主的行为，也改变他们的外形。一个典型的例子是扁形虫彩蚴吸虫，自20世纪30年代以来，它一直是寄生虫学家的最爱。该寄生虫在鸟的消化系统内复制，并随鸟的排泄物排出，因此以鸟粪为食的蜗牛可能会不小心吞下寄生虫的卵。卵一旦进入蜗牛体内就会孵化并长成长管状，控制蜗牛的大脑，并侵入其眼柄——这是蜗牛形象变夸张的第一步。随着蜗牛的眼柄变大，眼柄外壁会被拉扯得很薄，甚至可以看到里面的寄生虫——这是多么令人眩目的景象啊。寄生虫被跳动的彩带包裹着，这些彩带实际上是装满了它躁动幼虫的袋子。（“我可以连续几个小时观察被彩蚴吸虫感染的蜗牛，”一位早期观察者写道，他被寄生虫跃动彩带的闪光灯效果迷住了。[6]）随着形态的改变，蜗牛放弃了夜行习性，开始在白天异常活跃。[7]波兰生物学家托马斯·韦索洛斯基（Tomasz Wesołowski）是研究这种操纵行为的专家，他掐表计时，发现一只受感染的蜗牛15分钟内移动了3英尺——这简直是蜗牛奥运选手的速度。此外，一只受感染的蜗牛还会不满于地面的遮挡，在地上留下暗色的斑点，然后傻乎乎地爬到高处的叶子上，充分展示它迷幻的触角。

这些肥美、跳动的触角，对空中的鸟儿来说就像毛毛虫的幼虫，引诱着它们飞下来啄食。中计的鸟儿会吃到满嘴的微小寄生虫，这些寄生虫很快就会在其体内繁殖。至于蜗牛，它不仅能从这可怕的经历中存活下来，还能让自己的眼柄再生。不过，事态发展可能并没有看上去的那么温和，因为这只蜗牛可能吃到下一顿鸟粪就又被感染了，它的眼柄会被再次啄出来。[8]

另一位天才改造艺术家是一种入侵盐水虾的绦虫。[9]它会让正常形态下呈半透明的盐水虾变成亮粉色。不仅如此，它还会阉割盐水虾，延长虾的寿命，还可能会令其误认为到了交配的时候，促使其去寻找其他被感染的虾。的确，这些被感染的甲壳动物——每只都只有指甲盖大小——会密集地聚在一起，在水中形成超过一米宽的红色团块。这非常容易被以虾为食的火烈鸟发现，同时对绦虫而言也很方便，因为火烈鸟是这种绦虫的最终宿主。也多亏了绦虫，这些长腿火烈鸟只要将汤勺似的喙在脚下的“红色海鲜汤”里捞一把就能大饱口福。当然，有进必有出，被感染的鸟儿最后会将新一代绦虫卵释放到水中。

发现这种操纵行为的法国科学家尼古拉斯·罗德（Nicolas Rode）和伊娃·利文斯（Eva Lievens）指出，成群结队出现的动物常被认为是出于自己的利益而这样做，比如为了求偶，阻止捕食者的攻击，或强化觅食策略。罗德和利文斯认为是时候重新审视一下这个假设了。寄生虫可能会把目前的宿主直接赶到下一个宿主嘴里，这种情况也许比我们认为的要多得多。

虽然大多数寄生性操纵都因为宿主的怪异行为而为人们所知，但是发现过程偶尔也会按照不一样的剧本展开：研究人员先发现寄生虫藏在动物的组织内，然后在直觉的指引下，他们开始更仔细地观察宿主的行为，并开始怀疑其中是否存在寄生虫的不正当手段。这种直觉就是凯文·拉夫尔提（Kevin Lafferty）发现的基础，他现在是加州大学圣塔芭芭拉分校美国地质调查局的生态学家。[10] 拉夫尔提像海军陆战队队员一样身材精瘦，虽然已经 50 多岁了，看起来却年轻得多。他在南加州长大，年轻时在那里冲浪、浮潜和潜水。他为了支付大学学费，找到了一份去除海上石油钻井平台上青口贝的工作。这是份苦差事，但是他对海洋生物很着迷，而且他也喜欢待在户外。他想找一份报酬更高的工作来满足自己的激情，所以最后他决定去读一个海洋生物学的学位。

最初他并没有对寄生虫特别感兴趣——事实上，他压根没怎么思考过寄生虫，直到他在职业生涯早期教授了一门解剖鱼、鲨鱼和许多其他水生生物的课。他说他每次切开一个组织或器官，“寄生虫就会掉出来”。“许多标本里有两个、三个、四个或更多寄生虫。我开始认为，我们在试图理解生态和食物链上不同层级生物之间的相互作用时，遗漏了很多东西。”

对寄生虫的兴趣促使他开始研究一种带状吸虫，这种吸虫在白鹭、海鸥和其他经常在南加州河口出没的鸟类肠道中进行有性繁殖。鸟儿通过它们的粪便传播吸虫的卵，这些卵会被岸边的水蜗牛吃掉。在蜗牛体内进一步发育成熟后，卵会孵化并排到蜗牛体外。涨潮时，发育中的吸虫被卷进水中，它们会傍上鳉鱼——水鸟最常见的猎物。吸虫侵入鳉鱼的鳃，并沿着神经束进入鳉鱼头部。

拉夫尔提说，在鳉鱼的大脑表层能发现成千上万只吸虫的幼虫。他一直密切关注与寄生性操纵相关的文献，因此幼虫的位置立即让他怀疑寄生虫可能会扰乱鱼的大脑。然而，令人困惑的是，受感染的鱼看起来健康有活力，他不觉得它们的行为哪里奇怪。

他担心自己可能忽略了一个细微的改变。他用网把鳉鱼捞起来，将它们放入一个大水缸。他的本科生助理基默·莫里斯（Kimo Morris）负责密切观察它们，看看能否将受感染的鱼和没有受感染的鱼区分开来。经过几个小时的仔细观察，莫里斯注意到一种趋势。受感染的鱼更有可能在水面急速游动并摇摆，它们常常会侧身翻滚——这种行为对捕食它们的鸟类而言再醒目不过了。比起没被感染的鱼，它们这样做的频率要高出多少？莫里斯统计了自己对每条鱼的观察结果，得出了一个惊人的数字：频率要高出四倍。看来两组之间的区别并不细微。

水鸟被这种行为愚蠢的鱼吸引似乎合乎逻辑，但是拉夫尔提和莫里斯想确保他们的理论在现实世界中站得住脚。[11] 为了验证这一点，他们将受感染和未受感染的鱼混在一起，置于浅水河口处的露天围栏里，围栏的一侧紧邻海岸。鸟儿可以飞入围栏区域，或者不受阻碍地从岸边涉水而过，它们先是一只接一只地到来，然后来的数量越来越多。三周后，拉夫尔提和莫里斯解剖了剩下的鱼。只有几条健康的鱼被吃掉，而几乎所有受感染的鱼都被吃了。

拉夫尔提说，自然选择在这个"微型剧院"中的演出非常有启发性。鲻鱼和大多数鱼一样，上部是深色的，腹部是浅色的。"当它们侧身翻滚时，你能看到一道明亮的闪光，一道银色的光芒。这就像有人拿着一面救援镜往你脸上照。受感染的鱼和未受感染的鱼一样健康，它们只是会游到水面来，向飞下来吃它们的鸟儿挥手致意。"

为了弄清楚寄生虫如何诱使宿主做出如此轻率的行为，他和研究生珍妮·肖（Jenny Shaw）分析了受感染鱼类的神经化学。[12] 他们发现寄生虫扰乱了血清素的调节，血清素是一种影响许多动物（包括人类）焦虑程度的神经递质（抗抑郁药百忧解就会改变血清素的代谢）。在此之后，科学家们开展了一项实验，他们将健康的和受感染的鱼从水里拎出来几秒钟,这将对鱼造成惊吓。这种情况下，健康的鱼体内血清素通路的活性会增加——该迹象表明它处于强烈的压力之下。与之形成鲜明对比的是，受感染的鱼的大脑通路反应微弱。“鱼体内的寄生虫越多，”拉夫尔提说，“鱼的压力就越小。这表明鱼变得非常放松，它在应该感到害怕的情况下也不会焦虑。它变得不会规避风险，就像服了百忧解一样。”

大多数生活在南加州河口，靠近水蜗牛的鳉鱼，成年时都会感染吸虫。如果我们路过这些沼泽地，可以用肉眼看到宿主体内的寄生虫，吸虫的数量将会让我们大吃一惊，因为水蜗牛、鳉鱼和被吸虫感染的鸟类都是这些栖息地中最常见的居民。如果我们能停下来观察一会儿，就会看到寄生虫从一个宿主转移到另一个宿主，成群结队，就像一条巨大的传送带，从地面到海里，到空中，再回到地面，这样无休止地循环往复。

如果将寄生虫从这幅图景中抹去会如何？天空中的鸟儿是不是会变少，海里的鱼是不是会变多？拉夫尔提不清楚，但这种变化肯定会对食物链产生多米诺骨牌效应。在一些脆弱的生态系统中，动物靠着稀缺资源艰难地生存，寄生虫甚至可以决定物种生存还是灭绝的天平要朝哪一侧倾斜。拉夫尔提讲述了自己参与日本生物学家研究的经过，他们研究一种濒危的鳟鱼，希望能扩增其数量。[13]研究小组发现，这些鱼在秋天异常的肥美。鱼的肚子里充满了蟋蟀。为什么这些鳟鱼的营养源忽然变得如此丰富？夏末时节，一种线形虫，与托马斯长期研究的线形虫类似，会让蟋蟀成群结队地跳进水里。拉夫尔提说，要不是因为这些寄生虫，鳟鱼可能已经灭绝了。

寄生性操纵在决定人类人口规模方面也可能发挥了重要的作用。世界上一些最严重的灾害都由吸血昆虫传播，而它们的行为可能又受微小传染物的控制。我必须承认，我很惊讶地发现这些病原体也有操纵性行为。不是因为我认为它们没那个手段,而是我觉得它们没有动机这样做。毕竟，这些寄生虫只要等饥饿的蚊子或苍蝇来叮咬它们现在的宿主，然后就能去新的住所了。还有什么比这更容易呢?

然而不幸的是，对我们人类来说，导致疟疾的单细胞寄生虫——疟原虫——对自己的旅行安排并没有那么漫不经心。在这种病原体的传播过程中，只有极少的因素是随机的。越来越多的证据表明，它可以调节蚊子对血液的渴望程度，从而最大限度地促进自身的传播。更令人叹服的是，在疟原虫感染性最强的时候，它甚至可能改变人类的体味来增强人类对蚊子的吸引力。

熟悉蚊子的饮食习惯能帮助我们理解疟原虫是如何做

到这一点的。[14]蚊子要想吃饭就必须用它的喙刺穿人类厚实的皮肤，并迅速扭动，直到喙碰到血管。时间至关重要。如果蚊子花费了太长时间去“偷”一顿饭，那么它的目标可能会反击，一巴掌将它拍死。然而，蚊子一旦开始吸血，受害者的血小板就会涌上前来，开始凝结，阻止血液外流，蚊子越来越难吸到血。为了应对这种情况，它会射入一种能分解血小板的抗凝血剂，这能让它进餐的时间延长少许。然后，害怕被拍死的蚊子会赶紧寻找下一块新的皮肤。

然而，蚊子如果在进食过程中也吃下了疟原虫，那么这一度贪食的觅食者很快就会失去胃口。科学家们认为原因已经找到了：疟原虫必须在蚊子的肠道内繁殖，才能将后代传播给人类，如果蚊子在此期间继续进食，就有被拍死的危险，这对寄生虫可不利。但是十天之后，疟原虫的后代已经进入了其发育过程中传染性更强的阶段，这时，增强蚊子的食欲就十分符合疟原虫的利益了。它会侵入蚊子的唾液腺，切断抗凝血剂的供应。结果就是每当蚊子试图吸血时，它的喙很快就会被血小板粘住。蚊子无法得到正常的饮血量，不得不找更多的宿主为食来满足饥饿感。（顺带一提，造成黑死病的细菌也阻碍了受感染跳蚤的进食能力，因此当跳蚤从老鼠跳到人类身上时，会更猛烈地叮咬人类。[15]）

疟原虫还有更多把戏。[16]一旦它侵入了你的循环系统，就会干扰你制造血小板的能力，导致蚊子进食时你的血液会更顺畅地流动。通过这种方式,蚊子这个“飞行注射器”就能抽取更多被感染的血液，并传播给其他人。

疟原虫还可能施展一种更微妙的“巫术”，就好像之前那些操纵行为还不足以确保它的成功似的。疟原虫可能会利用蚊子通过气味寻找人类的能力，将蚊子与人类凑到一起。蚊子触角毛发上的传感器，非常善于探测我们呼出的二氧化碳、汗液中的乳酸和臭脚中的氨。当疟原虫进入你的身体时，它们可能会放大你原本的体味，或者诱导你产生新的气味去吸引蚊子。

这种观点颇有争议,并非所有的研究都支持这一观点。不过对肯尼亚学生的一项研究确实证明了这一点。[17]调查人员首先抽取了学生的血液，看谁体内有疟原虫。然后将这些年轻人分成十几个小组，每个小组三人。每个三人小组内都有一个健康的孩子，一个处于疾病早期、没有进入传染性阶段的孩子，以及一个疾病发展到了传染性阶段的孩子。蚊子被放到一个中央房间里，房间与三个小帐篷通过管道相接。每个帐篷中都睡着一个孩子（所有孩子都得到了不被蚊子咬的保护）。研究发现，具有传染性疟疾的孩子吸引的蚊子数量是其他人的两倍。最有意思的是，当所有感染了疟原虫的孩子都服用了清除感染的药物后，蚊子不再表现出对哪个群体的偏好。

疟原虫可能不是唯一采用这种策略的寄生虫。利什曼病是一种主要出现在热带的疾病，它会造成严重的皮肤溃疡和内脏器官损伤。诱发利什曼病的寄生虫可能使感染者的气味更加吸引寄生虫的昆虫传播媒介——白蛉。在对受感染仓鼠的研究中发现，寄生虫改变了赋予仓鼠独特气味的芳香化合物的构成，进而可以推断，寄生虫也可能改变人类的气味。[18]

有趣的是，登革热（被恰如其分地俗称为“断骨热”）会造成剧烈的关节疼痛，导致登革热的病毒也由蚊子传播，但它似乎采取了相反的策略。[19]它没有诱使人类产生具有吸引力的体味，而是增强了蚊子追踪人类的能力。根据科学家的了解，它通过让蚊子对人类的气味更加敏感实现了这一点。尽管这只是一个初步的结论，但却有研究成果作为基础，研究表明登革热病毒改变了影响蚊子触角气味传感器功能的基因。

这些发现为媒介传播的疾病提供了一个非常不同的视角。不久前，所有与这些疾病有关的昆虫还都被认为是独立的媒介。一切由昆虫说了算，而不是搭它们便车的寄生生物。但是根据这个新的观点，搭便车的乘客可能才是真正的飞行员。

托马斯、拉夫尔提和其他研究寄生性操纵的专家认为，人们应该更加关注这一现象。鉴于这些疾病的毁灭性影响，我们很难反对这种观点。尽管人们在疫苗和公共卫生措施上投入了大量资金来对抗疟疾，但疟疾仍然困扰着97个国家的约2.14亿人。[20] 登革热的传播速度比其他任何传染病都要快，每年报告的新增病例约为3.9亿例。登革热虽然一度主要局限于热带和亚热带地区，但现在已经蔓延到了欧洲南部和美国。[21] 利什曼病和黑死病背后的寄生生物每年共导致了几百万例疾病。[22]

显然，我们迫切需要新方法来阻止这些流行病的传播。破坏助长病菌传播的操纵行为可能是一个有希望的抗击方法。[23] 例如，更好地理解那些引诱昆虫疯狂进食的气味，或许可以启发我们用一种颠覆性的芳香疗法来对抗它们——用比人体体味更吸引蚊子的气味来设置陷阱。抑或找出寄生虫激活了蚊子的哪些基因，使其对人体的体味更敏感，然后阻断该基因的功能，从而使蚊子的嗅觉瘫痪——相当于让人失聪或失明。显而易见的一点是：我们对寄生虫操纵的细节掌握得越多，就越有可能成功扭转局面，甚至可能利用寄生虫自身的力量来对抗它们。

不仅是医学，农业也可以从这些专业知识中受益。近年来，数以百万计的柑橘树都被柑橘黄龙病摧毁，这种毁灭性的细菌感染会使成熟的橘子和柚子变绿、变苦，然后杀死植物。这种疾病的迅速传播有赖于亚洲柑橘木虱。[24] 这种虫子体内寄生的微生物为了促进其自身的传播，调整了亚洲柑橘木虱的行为。当虫子从柑橘叶中吸取汁液时，会吸入细菌。这时,虫子就变成了一种更具威胁性的害虫。比起未受感染的虫子，那些携带了柑橘黄龙病菌的虫子繁殖得更快，从一棵树跳到另一棵树上的频率更高，活动距离也更远。

2005 年，这些细菌在虫子的运载下到达了佛罗里达州南部的树丛，它们迅速在州内蔓延，危及该州每年营收 107 亿美元的柑橘产业。[25]（在佛罗里达州半岛的一些地区，目前 100% 的柑橘植物都受到了感染。[26]）最近，这对搞破坏的拍档已经穿越了美国南部，到达得克萨斯州产柑橘的里奥格兰德河谷地区和南加州。[27]

为了应对这一日益严重的威胁，科学家正在深入研究黄龙病菌是如何将其指令传达给昆虫的。[28] 他们希望能停止众说纷纭的说法并控制感染。这一进展将让世界各地同样遭到微生物危害的柑橘种植者受益。

到目前为止，我们关注了一类寄生生物，它们将宿主视作带自己去下一个目的地的出租车。但是，许多寄生生物改变其寄居动物的行为则出于十分不同的动机。这些寄生生物算得上是自然界最恶劣的暴徒和施虐者，它们值得我们关注。它们的生活方式（尽管是一种邪恶的方式）不仅引人入胜，而且通过了解它们的操纵策略，我们可以对寄生生物威胁宿主自主权的方式更加警觉。

Chapter

< 3 >

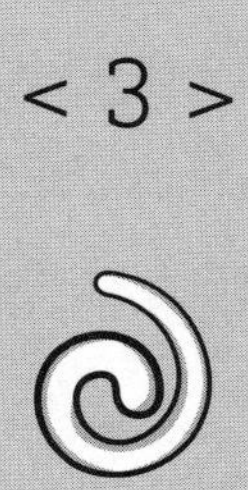

第三章　行尸走肉

在 E. B. 怀特（E. B. White）的经典小说《夏洛的网》（*Charlotte's Web*）中，一只蜘蛛为了将小猪朋友从屠宰场中救出来，努力在网上织出"真棒"等词语。当我看到一张现实中的蜘蛛网照片时，我童年对夏洛机智聪颖的惊叹再次涌上心头，尽管这种蜘蛛的网比不上夏洛那种超自然的能力，但也具有惊人的原创性。这种八条腿的生物——一种热带圆网蜘蛛，已经不再编织正常的、针脚紧密的圆形图案，转而选择了一种螺旋形、自由式图案，这不同于我所见过的任何蛛形纲的"设计风格"。[1] 图案不对称，丝线以万花筒般的角度交汇，看起来像是一只蜘蛛吃了迷幻药后的杰作。

事实证明，我的想法并不是很离谱。这种蜘蛛的确被下药了——不是像我最初怀疑的那样被科学家下了药，而是被一种寄生蜂下药了。当寄生蜂抓住了蜘蛛并在它的腹部产卵时，它对蜘蛛的专政便开始了。当卵发育为幼虫时，它会在蜘蛛腹部钻开一些小洞，从中吸取蜘蛛的体液。有了这种可靠的营养来源，幼虫便开始迅速生长，而蜘蛛则继续正常织网并捕捉猎物。大约一周后，寄生蜂的幼虫开始将化学物质注射到蜘蛛体内，这些物质能有效地诱导蜘蛛为寄生蜂幼虫建起一个“育儿所”，由此产生的网状结构与蜘蛛通常织出的网几乎毫无相似之处，这种网加强了线条，可以更好地抵御热带风暴引发的狂风暴雨。而且，由于蜘蛛网位于空中，发育中的寄生蜂幼虫可以免受地面捕食者的伤害。为了防止鸟或蜥蜴袭击“育儿所”，蜘蛛甚至织出了一种特殊的装饰将寄生蜂幼虫隐藏起来。

蜘蛛辛勤工作又得到了什么回报呢？正当它为寄生蜂的“育儿所”做最后的收尾工作时，寄生蜂幼虫会杀死蜘蛛，吸干它的体液，并把它干枯的尸体扔到地上。寄生蜂的幼虫有一排短粗的腿，腿的顶部附着有小钩子，幼虫会从为自己定制的网上悬挂下来形成一个茧。幼虫像木乃伊一样被包裹着，再蜕最后一次皮，就会变成一只成年的蜂。

许多寄生蜂以相似的方式利用不同种类的圆网蜘蛛。威廉·艾伯哈德（William Eberhard）是史密森尼热带研究所和哥斯达黎加大学的昆虫学家和蜘蛛学家。他在2000年发现了这种现象，但他懊悔自己竟然几十年来都没有发现这种操纵行为。他承认这种行为非常普遍。这位70多岁、满头银发的科学家，自从在哈佛大学读本科以来就对蜘蛛很着迷。那时他在大学比较动物学博物馆的地下室里做着一份乏味的工作，往装着无脊椎动物标本的罐子里补充蒸发的酒精。他讨厌在阴冷潮湿的环境里做这份工作，后来藏品馆长出于同情邀请他到楼上来，并教他如何根据蜘蛛的亲缘关系对它们进行分类。为了寻找蜘蛛的共同特征，他近距离观察蜘蛛，此时的蜘蛛变成了美丽的物体，他对它们就像珠宝商对宝石一样熟悉。他有一双敏锐的眼睛，可以辨别出蜘蛛的形态和习性。多年来，他发现了不少看起来很奇怪的蜘蛛网，这些网都是圆网蜘蛛织成的，其风格与正常蜘蛛网的风格之间的差异就好像现实主义与抽象的表现主义一样南辕北辙。此外，在进行更仔细的观察时，他总是发现这些奇怪的网上挂着蜂蛹。“但我没有停下来思考到底为什么会这样，”他说，“我大致的想法是，蜘蛛被自己腹部的寄生蜂幼虫弱化了，所以它没有力量去编织正常的网。”由于许多生物体都会受到寄生虫的感染，所以他认为这种现象无关紧要。

艾伯哈德不记得是什么让他最终质疑了这个假设，有一天他忽然想道：“嘿，你这个白痴！这很有趣！”事实上，当他把全部注意力转向这一现象时，他感到很惊讶。“我意识到，认为蜘蛛虚弱、可怜、几乎不能动弹的假设是完全错误的，”他说，“它充满活力，始终都在工作，不过做出的东西却非常不同。”

据他所知，寄生蜂幼虫使用了一种化学混合物，其中一些物质作用于蜘蛛的中枢神经系统来改变它的行为，另一些物质（或者可能是另一种单一化合物）在蜘蛛完成工作后将其毒死。在一个有趣的实验中，他在幼虫即将杀死蜘蛛之前将幼虫取了下来。结果，蜘蛛不仅完全恢复了，而且织网风格也逐渐恢复正常，只是恢复的过程是逆向的，即蜘蛛网设计中发生的最后改变是最先消失的。这让他相信，随着幼虫使用的混合物浓度增加，对蜘蛛行为的影响会变得更加明显——因此，当幼虫被拿掉后，混合物的浓度下降，蜘蛛的织网风格会以逆向的方式改变，但这只是猜测。艾伯哈德完全不知道寄生蜂的化学信号系统如何“如此有选择性地影响宿主行为的某些部分，而不是其他部分”。寄生蜂给蜘蛛的指令非常精准,而不是诸如“爬上去”或“跳进水里”等笼统的指令。

许多不同种类的圆网蜘蛛被具有同等多样性的寄生蜂群体寄生，因此这种操纵行为的执行方式似乎有无穷无尽种排列组合，这也让确定操纵行为背后的机制变得更有挑战性。而且寄生蜂诱导蜘蛛织的网本身也极其多样，艾伯哈德也不知道罕见的蜘蛛和寄生蜂组合会产生什么样的结果。他在哥斯达黎加的咖啡园里散步时，发现了一只罕见的寄生蜂幼虫附在了一只常见的蜘蛛的腹部。他将身上还附着幼虫的蜘蛛放进罐子里，希望它能在囚禁中继续织网——这是许多蜘蛛不情愿做的事情。令他高兴的是，这位“囚犯”很好地适应了这逼仄的牢房，并立即忙碌起来。他在罐子里放了一张卷起来的纸，因为蜘蛛很难将丝线固定在玻璃上，于是这只蜘蛛开始把它黏黏的丝线附着在卷纸的内表面上，它的丝线附着点数量惊人。当意识到蜘蛛在做什么时，他的惊讶变成了震惊：这只蜘蛛不再像该物种习惯的那样局限于二维平面结构，而是将网络扩展到了三维空间中。他从没见过其他这种蜘蛛织出过类似的东西。网络的线条全都汇集在中心区域。蜘蛛在该区域编织出了一个网眼细密的条状平台。成蛹的幼虫没有依照寄生蜂的习性从蜘蛛网上悬吊下来，而是侧身躺在条状平台上，就像在打盹一样。

另一种更常见品种的蜂也寄生在这种蜘蛛身上，但它所施加的“咒语”截然不同。如果被这种蜂的幼虫寄生，蜘蛛会编织一种普通平面网的精简版本，从网中心辐射出去的辐条要少得多，而且缺少将它们梭在一起的丝线。这次的网就不是一个华丽的三维结构，而是一个完全失去了宿主标志性圆形图案的网络骨架。似乎每种蜂都有自己迷惑蜘蛛的独特药剂，它们也善于利用蜘蛛的常见行为，并通过调整这种行为来满足自己的需要。例如,艾伯哈德说，如果一种蜘蛛住在隐蔽的处所，那么寄生蜂有可能诱导蜘蛛在隐蔽处设“一扇门”来保护寄生蜂的蛹。或者，如果一种蜘蛛通常会编织装饰来伪装自己，那么寄生蜂就会利用这种天赋将自己的蛹藏起来不被敌人发现。简而言之，这些寄生蜂知道如何充分利用宿主。

蜘蛛绝不是唯一需要害怕寄生蜂强迫性策略的生物，毒物也不是寄生蜂让受害者顺从的唯一武器。扁头泥蜂——更广为人知的名称是宝石蜂，因霓虹般的蓝绿色光泽而得名。宝石蜂实现目标的方法是开展神经外科手术。它的猎物是常见又令人厌恶的美洲大蠊。请不要将这种蟑螂与常见于北方、体型相对较小的德国蟑螂弄混了，美洲大蠊更喜欢温暖的气候，而且可以长得和老鼠一样大。

尽管与其猎物相比，宝石蜂的体型相形见绌，但是一只嗅到了美洲大蠊气息的雌性宝石蜂会积极地追赶并攻击美洲大蠊，即使这意味着要跟随逃跑的虫子飞进屋子。[2]蟑螂的反抗很激烈，它们摆动着双腿，埋头躲避攻击，但这通常无济于事。宝石蜂会以闪电般的速度刺中蟑螂的身体中部，注射一种能将其暂时麻痹的药剂，让这个庞然大物保持不动，准备接受宝石蜂接下来的精细手术。宝石蜂就像一个挥舞着注射器的邪恶医生，这回它将再次把毒刺插入蟑螂的大脑，然后小心翼翼地挪动毒刺约半分钟，直到找到正确的位置，再将毒液注射进去。此后不久，宝石蜂第一次螫刺蟑螂所释放的麻醉剂就失效了。尽管被刺蟑螂的四肢有完整的活动能力，也能像正常的蟑螂一样感知周围的环境，但它却异常顺从。根据以色列本-古里安大学的神经学家弗雷德里克·利波塞特（Frederic Libersat）

的说法，毒液已经把蟑螂变成了“僵尸”，它将从此听从宝石蜂的命令，心甘情愿地忍受宝石蜂的虐待。的确，当宝石蜂用有力的下颌拧掉蟑螂触角的一部分，然后像用吸管喝苏打水似的从中吮吸涌出的体液时，蟑螂也完全不会反抗。接下来，宝石蜂会对蟑螂的另一根触角重复同样的做法。在确保蟑螂不会去任何地方后，宝石蜂会离开蟑螂约 20 分钟，去寻找一个产卵的洞穴，产下的卵将由蟑螂喂养。与此同时，宝石蜂那被洗脑的“奴隶”忙于梳理自己——拿掉身上的真菌孢子、微小的蠕虫和其他寄生虫，这为宝石蜂提供了一个无菌的表面来黏附其产下的卵。回来的宝石蜂会抓住蟑螂触角的残肢，“就像牵着一条拴着皮带的狗一样，把它带到洞穴。”利波塞特说。多亏了蟑螂的配合，宝石蜂才不必浪费精力去拖动它。同样重要的是，利波塞特说，宝石蜂“不需要麻痹蟑螂的所有呼吸系统，所以这家伙会活着并保持新鲜。宝石蜂的幼虫在五到六天内都要以这新鲜的肉体为食，当然不希望它腐烂”。

宝石蜂先进入洞穴，再将身后的蟑螂拖进来。它先在蟑螂腿的外骨骼上产卵，再离开去寻找树枝和碎叶来堵住洞口，从而埋住完全觉醒的蟑螂。它的后代接着将蟑螂从上到下吃干抹净，然后幼小的宝石蜂会从洞穴中出来，重复这个循环。

为了弄清楚宝石蜂如何控制这个远比它庞大的宿主，

利波塞特的团队给这个带翅膀的“暴君”喂下了一种放射性化合物，这种化合物是其毒液的组成成分。在宝石蜂叮过蟑螂之后，研究人员就可以追踪毒液的去向。他们发现毒液摧毁了蟑螂一个负责决策的重要神经中枢。基本上，蟑螂所看到的和其他感觉器官接收到的信息都在此汇合，这些输入的信息被处理后，蟑螂将对下一步的行动做出决定。根据利波塞特的解释，蟑螂不是每次都对刺激做出相同的反应，它们就像我们人类一样难以预料。它们会在行动前思考，这就是当人们卷起报纸追杀它们时，它们如此善于逃脱的原因。因此,当毒液摧毁那个中央指挥系统时，该生物实际上就被剥夺了自由意志。它不会逃命，而是犹豫不决，僵立当场。宝石蜂只要轻轻一拉，蟑螂就能走出迟钝的状态，然后快步迈向死亡。

宝石蜂是如何将毒刺刺入这个大脑关键区域（一个只有针头一半大的神经元结构）的呢？这是利波塞特团队需要解决的一个更难的谜题。利波塞特说，宝石蜂的精确度与医学上用于定位和摧毁大脑中微小目标的最先进的系统相当。为了诱使宝石蜂吐露秘密，研究人员与它开了个玩笑：他们移除了蟑螂的大脑，然后把蟑螂交给它，看它会怎么做。结果，宝石蜂在蟑螂的头部探测了近八分钟，最后才失望地放弃。

这个实验和其他实验最终让研究人员得以解开谜题。

他们发现，宝石蜂刺的末端有特殊的机械感受器，可以感受到张力和压力。当毒刺触及包裹着昆虫大脑的薄膜时，会碰到一个稍有阻力的弯曲物质。“这告诉了宝石蜂，‘往这儿推，然后喷毒液’，”利波塞特说，“这与触觉有些类似。”

宝石蜂也是一个有创造力的化学家，仿佛它最先进的外科技术还不够令人赞叹似的。利波塞特的团队分析了它的毒液后，惊奇地发现其中一种成分是多巴胺，这种神经递质能引发老鼠的理毛*行为。他们很好奇，这种化学物质是否能解释宝石蜂诱导蟑螂清除寄生虫（可能伤害宝石蜂幼虫）的机制。果不其然，将多巴胺注射到一只未被宝石蜂刺过的蟑螂体内可以触发它的理毛行为。多巴胺对动物的行为动机也有深远的影响，这为解释宝石蜂如何驯服猎物提供了另一个提示。“这些宝石蜂远比研究它们的神经科学家更擅长操纵猎物的神经化学。”利波塞特赞叹道。

在大自然的其他角落里，寄生虫会出于各不相同的原因操纵宿主。举例来说，一种名为“蟹奴”的藤壶类生物试图转移螃蟹对其幼蟹的注意力，令螃蟹转而照料和培育蟹奴自己的后代。难以想象藤壶生物能想出这样的计划，更别说有能力去实施了。但是蟹奴显然不同于一般种类的

* 理毛，指动物清除身体表面污物、碎片、油脂及寄生虫等的行为。

藤壶。没有外壳，也不会附着在岩石、海藻或其他东西上，蟹奴就像一束侵入螃蟹内部软肉的根，仿佛转移性癌症。[3] 如果说现实生活中有什么实物符合盗尸者的可怕形象，那就非这种蟹奴莫属了。

在婴幼期，蟹奴的幼虫自由地生活着，在气味的引导下四处游动，直到落在螃蟹身上。幼虫有两种性别。雌性蟹奴会用锋利、匕首状的外骨骼部位刺穿螃蟹厚厚的盔甲。然后，它会通过这个武器的尖端将一小块自己的虫状细胞注射进去，只在外面留下它臃肿的“外衣”。一旦进入螃蟹体内，虫状细胞就会长成一条厚实的根，侵入螃蟹的眼睛、神经系统和其他器官。螃蟹的行为仍然与未受感染的同类无异，它们在岸边游来游去，咀嚼着软体动物。不过螃蟹吃的食物只会促进蟹奴推翻其统治，并最终导致螃蟹绝育——这是寄生性操纵者最喜欢的把戏。

这些被寄生的螃蟹停止交配，也不再长大，此后的生存目的只剩下喂养蟹奴和帮助其繁殖。雌蟹的肚子上通常会长出一个育儿袋来容纳幼蟹，而“殖民者”会在这个位置上伸出卷须，打造自己的育儿袋。两个雄性幼虫在气味的引导下，会找到那里，并使雌性幼虫产下的卵受精。“实际上，这两只雄性幼虫成了雌性幼虫的一部分。”寄生藤壶专家詹斯 · T. 胡格（Jens T. Høeg）说，“它在功能上是雌雄同体的。”随着卵的发育，螃蟹通过刷掉藻类和其他寄生虫来保持寄生虫囊袋的清洁。当卵孵化时，螃蟹会迁移到更深的水域。在那儿，螃蟹会以强大的脉冲释放蟹奴幼虫，并用蟹钳搅动水流将它们送走。所以蟹奴的宝宝们会被潮水带走——再去入侵其他螃蟹。

然而，可不要以为宿主对寄生虫的服务到此为止了。恰恰相反,一切才刚刚开始。蟹奴将继续产出一批新的卵。每隔几周，螃蟹就会回到更深的水域中重复同样的仪式来传播寄生虫的后代。在这种甲壳动物的余生中，它将不再拥有自己的意志。

被迫服役的不仅仅是雌蟹。蟹奴能将一只雄蟹变成雌蟹。雄蟹的腹部通常很窄，但是一旦被蟹奴入侵，它就会变成雌蟹那样的宽体型，而且还会发育出容纳幼虫的囊袋。完成这一性别转变后，雌性化的雄蟹会表现出母性本能，这将让它成为寄生虫幼虫温柔的看护者。

从斯堪的纳维亚、夏威夷到澳大利亚的南部海岸，有100多种蟹奴。这种寄生性藤壶生物在某些地区感染的螃蟹占比惊人：在丹麦峡湾这一比例达到20%；在夏威夷达到50%；在地中海某些地区甚至高达100%。被感染的螃蟹身体下方会长出黄色、蘑菇状的东西——这是寄生虫的囊袋，你可以通过这一点来判断螃蟹是否被感染。受感染的螃蟹不会再蜕皮长出更大的壳，它们往往会被海藻和（普通、不具有入侵性的）藤壶包裹。如果你遇见了这样一只沿着海岸线疾走的混合生物，请停下来欣赏寄生虫的成就。这个八条腿的家伙的举动可能与其他螃蟹看起来一样，但它其实早已成为一具两栖的丧尸。

真菌与寄生性藤壶似乎没有什么共同之处，但是有一种真菌会以类似的方式占领宿主（一种弓背蚁）的身体，从而控制它。不过这并不意味着二者采用的策略完全一样。真菌不会利用宿主来养育自己的后代，不过二者的终极目标是一样的：希望宿主找到一个理想的地方来传播它们的后代，并给它们一个美好的生命开端。

这种蛇形虫草属真菌虽然还只是个孢子，但行为可一点儿也不温顺。[4]当它接触到弓背蚁时，孢子会长出卷须，卷须会钻进弓背蚁体内并迅速侵入其全身。然后，它会命令蚂蚁顶着正午的烈日爬上树苗。大约爬到一英尺的高度时，蚂蚁会移动到树苗西北侧叶子的下缘，并咬紧叶脉的主干——一个坚固的连接点。与此同时，真菌会破坏蚂蚁控制下颚的肌肉，以保证其下颚永远咬紧不放松。蚂蚁像雕像一样僵住了。待宿主死亡后，真菌会从其头上钻出来，此时真菌呈茎状，子实体位于其顶端，很快它就会爆开来，将孢子喷撒到地面，又会有新的蚂蚁将孢子拾起来。

宾夕法尼亚州立大学的昆虫学家大卫·休斯（David Hughes）出生于爱尔兰，他是第一个记录下这个现象的人。

“2004 年至 2006 年，我的一些早期论文被拒稿，只是因为人们不相信它而已，”他说。“僵尸蚂蚁”——按照他的称呼——不仅存在，而且非常普遍。

在世界各地的雨林中，每平方码 * 都可以找到多达 22 具这样的可怕尸体（或者，对那些习惯公制的人而言，就是每平方米 26 具）。“我把这种尸体密集的坟地称为杀戮场。”休斯说。

为了搞清楚真菌对蚂蚁下达的古怪指令，休斯将附有僵尸蚂蚁的树叶挪到稍高或稍低的位置，或者挪到植物的不同侧面。在这些情况下，被移植的真菌在自身繁殖方面就没有那么成功了。寄生虫对蚂蚁极其精确的指令背后显然存在某种演化逻辑，但是休斯难以确定是什么。他认为这可能与真菌能在低温和非常潮湿的空气中蓬勃成长有关。植物西北侧获得的日照较少，位置较低的叶子也更有可能处于阴影下。至于真菌是如何让蚂蚁紧紧咬住主叶脉的，就让他完全摸不着头脑了。这并不属于蚂蚁的正常行为，所以，“我们没有先验的理由认为蚂蚁能够区分叶脉和叶肉。”

为什么蚂蚁会在正午时分咬上叶子也令休斯感到困惑，不过他推测这可能与一个事实有关：四个小时之后，正好碰上日落的时候，真菌会从蚂蚁体内钻出来。这是一

* 1 平方码约为 0.84 平方米。

个艰难的过渡时期，真菌面临着更大的死亡风险。夜幕提供了有利于其生长的黑暗潮湿条件，因此真菌可能想要让其发育的脆弱时间与一天中对其有利的时间相重叠。

除了在野外工作，休斯还在他的实验室研究操纵行为。他在实验室的罐子里贮存了蚂蚁的大脑（这个器官不需要身体也能运作），然后他往罐子中加入真菌。当真菌开始长出卷须时，产生了大量化学物质，其中有一些是蚂蚁体内物质的镜像化合物。不过他怀疑真菌也可能使用外来化学物质——一种强大的致幻剂控制蚂蚁。他的直觉基于这种寄生真菌与麦角菌之间的亲缘关系，而麦角菌正是迷幻药的来源。

到目前为止，我所强调的操纵者都是寄生生物，但并非所有的寄生行为都符合这个模式。某些操纵者会为了自己的利益而改变另一种生物的行为，但却会提供好处作为回报。从这个意义上看，把它们称作“共生体”可能更合适。因为这些仁慈的统治者同样也挑战了“一个人的思想完全属于自己”的观点，所以我将在接下来的讨论中把共生体包括进去。此外，我们自身也可能会受到它们的影响：生活在人体内的细菌常常会被怀疑为了其自身或我们的利益而操纵我们的行为。稍后我会谈到它们，但现在让我们把注意力转向一位仁慈的操纵者，它与人类似乎毫无关系，但却会让咖啡和茶的爱好者会心一笑。这个故事与一位“毒品贩子”有关，这个“小贩”带有芳香宜人的花瓣，我们称它为“花朵”。

十余年前，德国药物研究人员发现有几种花朵的花蜜中掺了咖啡因。[5]英国纽卡斯尔大学的美国神经学家杰拉尔丁·赖特（Geraldine Wright）偶然发现了这些研究人员的报告，她感到目瞪口呆。种子和叶子中含有咖啡因并非什么新鲜事儿——咖啡因对昆虫而言味苦且有毒，因此植物经常使用这种化合物来驱赶昆虫。但是她万万没有想到会在花蜜中发现这种“杀虫剂”，毕竟，这是开花植物用来引诱蜜蜂授粉的甜食。然而，当她继续阅读时，她注意到花蜜中咖啡因的含量远低于植物的其他部分，这说明蜜蜂甚至可能发现不了它。赖特研究蜜蜂多年，蜜蜂的大脑在分子水平上与人类的大脑非常相似，因此她希望能够借此了解人类学习和记忆背后的机制。她开始思考这样低剂量的咖啡因是否会像影响人类一样，也是蜜蜂的兴奋剂。灵感随之而来。她想，也许花朵正在使用这种药物来改善昆虫的记忆，这样昆虫就可以为花朵交叉授粉。蜜蜂如果能记住一个极好的花蜜来源位置，它也可以因此受益。

赖特拥有探究这个直觉的理想技能。这毫不奇怪，她是研究蜜蜂的专家，并且不害怕蜜蜂叮咬。（我在与她交谈之前，访问了她所在学校的网页。在那儿我找到了一张她身穿“蜜蜂比基尼”的照片：一群蜜蜂小心地遮住她的女性部位，不让别人看到。她说，蜜蜂“比基尼”和“胡须”是“养蜂人会做的一件有种的事儿”。）尽管她有专业的知识和胆量去测试咖啡因对蜜蜂的作用，但是却缺乏途径。赖特就像许多苦苦挣扎的科学家一样没有经费，她不得不自己负担这个项目。她自费前往哥斯达黎加，采集咖啡植物花朵中的花蜜——为了检验她的理论，这是一个显而易见的选择。

结果证明，这两个月的劳动和时间付出得并不明智。伦敦希思罗机场的行李搬运工弄丢了她的手提箱，那里面装着小瓶的咖啡花蜜。她再次自掏腰包飞回哥斯达黎加重复这项任务。（“别为我难过，”她说，“我玩得很开心。相当于假期翻了一倍。”）

几个月后，她终于得到了足够的咖啡花蜜，开始在英国的实验室里检测她的理论。不过令人沮丧的是，她发现不管有没有咖啡因的帮助，她的蜜蜂都有极好的记忆力。赖特思索了一阵，觉得也许自己给蜜蜂设置的记忆测试太容易了：她训练蜜蜂识别单一的花香，并测试它们第二天对这种气味的记忆程度。但是在野外，蜜蜂每30秒钟就会从一朵花飞到另一朵花，这意味着它们必须在一两天内记住数百种气味。她说，从人的角度来看，“这相当于考前临时突击，要求你在很短的时间内记住大量的信息，而不是花更长的时间记住更少的信息，在后一种情况下人们会记得更好”。她提高了记忆测试的难度，这次，她挖到了科学的宝藏。[6]蜜蜂在没有咖啡因的情况下表现得非常糟糕，不过当它们在花蜜中获得正常剂量的咖啡因时，“它们的表现近乎完美。这是一个相当惊人的结果。我认为这是我们观察到的第一例植物对动物的药理学操作”。

赖特根据蜜蜂的体型，计算出蜜蜂消耗的咖啡因剂量大致相当于人类从一杯淡咖啡中获得的剂量。

花朵也会操纵我们吗？“有可能。”赖特笑了。但她澄清说，这更多的是演化带来的副作用。她认为，因为人的大脑和蜜蜂的大脑有着相同的基本构造，因此咖啡因也会影响人类的认知功能。众所周知，我们靠咖啡因来保持醒觉和高效——简而言之，它让我们像蜜蜂嗡嗡一样兴奋起来，但我们尚不清楚咖啡因能否改善人类的记忆力。一些研究表明咖啡因并没有这样的功效，[7]不过约翰·霍普金斯大学的科学家们近来研究了一种从前没有被仔细研究过的特殊记忆类型，他们发现咖啡因可能是一种记忆增强剂。有趣的是，这种增强剂能够改善我们区分相似却又不同的物体（例如不同样式的汽车、锤子或花朵）的记忆。[8]

“当你想到这一点时就很有趣了，”赖特说，“咖啡因是世界上使用最广泛的药剂，早在我们出现在地球上的几千万年之前，蜜蜂就开始使用它了。”[9]

赖特的发现中还有另一个有趣的转折。据她说，在地球上已知的众多开花植物中，只有极少种类的花蜜中含有咖啡因，而这一小部分植物却是当今栽培最广泛的植物。除咖啡植物外，还有茶、可可（我们用它制作巧克力）和可乐果（非洲赤道地区一种受欢迎的咀嚼坚果）。正如赖特打趣的那样，我们喜欢咖啡因带给我们的感觉，所以“你可以说这些开花植物操纵着我们来大量种植它们”。

在这趟操纵者的旋风之旅中，我一再宣扬它们的机智。但是在继续讨论之前，要注意，操纵者是可能犯错的，这很重要。它们可能会在错乱中跳上错误的交通工具——我指的是一个不能帮助其达成生殖目标的物种。寄生生物把自己带进了演化的死胡同，这种事情比你想象的发生得更频繁。操纵者们常会给自身造成巨大的损失——这个不幸的事实，常常在衡量它们对动物和人类行为的影响时被忽略。

这种操纵者就是猫寄生虫。

Chapter

< 4 >

第四章　催眠大法

电话那头的男人说话带着浓重的捷克口音。他是亚洛斯拉夫 · 弗莱格（Jaroslav Flegr），布拉格查尔斯大学的一名进化生物学家，他讲了一个非常奇怪的故事。他认为自己的思想并不完全受自己控制。[1] 他时常觉得有一股外在力量推动了他的行动。这种力量就是猫寄生虫，弗莱格将这种单细胞原生动物称为刚地弓形虫（*Toxoplasma gondii*，这是它的学名，有时也简称为 toxo 或 *T. gondii*）。他不确定自己是如何接触到它的。因为弓形虫只能在猫体内进行有性繁殖，猫会通过粪便排出寄生虫，因此人类感染弓形虫的一种常见途径就是更换猫砂。无论这是如何发生的，他告诉我，弓形虫就在他的大脑里，他强烈怀疑弓形虫改变了自己的个性并使他变得更喜欢冒险。更重要的是，他的研究让他认为弓形虫可能正在操控数百万人的大脑，导致车祸和精神分裂症等精神疾病，甚至是自杀。“如果你将所有它可能伤害我们的方式加起来，”他说，“它杀害的人甚至可能比疟疾杀害的人还多。在工业世界里，这一点毋庸置疑。”

听起来弗莱格有些偏执，但我们有理由认为他的头脑很清醒，或者，至少作为一个大脑中有寄生虫的人，他已经很正常了。斯坦福大学的罗伯特·萨波尔斯基（Robert Sapolsky），神经科学家中的摇滚明星，是他向我介绍了弗莱格，罗伯特自己团队的动物研究无疑表明弓形虫与“一些相当疯狂的神经生物学”相关。[2]罗伯特还补充称弗莱格的研究“开展得很好，我找不到什么质疑的理由”。

医学证据也表明，弓形虫可能具有弗莱格这位捷克生物学家声称的能力。[3]自20世纪50年代以来，医生们就已经知道，这种寄生虫感染了孕妇，会破坏胎儿的神经系统和眼睛，有时还可能引发流产。如果这种影响一直持续到胎儿出生，那么胎儿出生时患有精神缺陷或失明的风险就更大。（请注意，如果一名妇女在怀孕前被感染，那么这种寄生虫将不会对她的胎儿产生威胁。）长期以来，一种被称作“弓形虫病”的急性感染也被认为会对免疫力低下的人群造成危害。被感染者同样可能遭受眼睛的损伤，或者患上脑膜炎——一种可能致命的脑部炎症。其中最危险的人群是那些正在接受癌症化疗或服用抑制器官移植排斥反应药物的人。另一批众所周知的高危人群是人类免疫缺陷病毒（HIV）的携带者。特别是在艾滋病流行的早期，当时还没有对抗病毒的有效方法，弓形虫病常常会引发与艾滋病有关的痴呆症。鉴于弓形虫的斑斑劣迹及其以大脑为攻击目标的习惯，认为它可能引发一些不太明显的精神问题，这似乎并非什么离谱的想法。

不过，依据标准的医学观点，接触弓形虫的健康人群通常只会短暂出现类似流感的症状。此后，弓形虫会悄悄地潜伏在人们的脑细胞内，并不会造成进一步的健康问题。用医学术语来说，它变成了一种“潜伏性感染”。

我评估了不同的观点，感到摇摆不定。一位出了捷克就鲜为人知的古怪科学家真的比医疗机构了解得还多吗？

为了找寻答案，我在谷歌上搜索了弗莱格。一张男人的照片跳了出来，他有着醒目的橙色头发，发丝就像一束束棉花糖的尖尖从他头上冒了出来。我觉得明智的做法是，再向几位专家咨询一下他们对这位科学家的看法。乔安妮·韦伯斯特（Joanne Webster）是伦敦大学学院的寄生虫学家，她是公认的细菌方面的权威。[4]她将弗莱格的工作形容为“有争议”，不过她说：“他的许多研究已经被成功复制了。医学和兽医学教科书的标准说法是，我们不必担心感染的潜伏期，但我们也不应该低估这种寄生虫。”E. 富勒·托里（E. Fuller Torrey）是一位研究精神分裂症的专家，就职于马里兰州贝塞斯达的斯坦利医学研究所，他也以认真的态度看待这位捷克科学家的工作。[5]“我认为他的研究完全可信，”他说。事实上，托里告诉我，他也认为弓形虫和精神分裂症之间可能有联系。

为了让自己的想法得到认可，弗莱格开始了一场漫长而艰难的斗争。[6]他开始研究的时候，捷克共和国正从苏联几十年的控制下恢复过来。这个国家在科学方面被视作一潭死水，这对弗莱格的声誉可没有什么帮助。在苏联时代，人们出国的机会很少，因此他从未掌握科学界通用的语言——英语，这限制了他传播自己的发现的能力。不过在他看来，迄今为止，他前进道路上最大的障碍是“人们想到一些愚蠢的寄生虫可能会影响我们的行为就会感到困扰”。

我还要在这个障碍列表中补充一点：弗莱格的理论有些边缘科学的感觉。一些评论家可能把它与外星人绑架、能心灵感应的海豚以及具有治疗功效的水晶归为了一类。

1981 年弗莱格在一本刚出版的新书《延伸的表现型》中读到了一篇文章，该书的作者是英国科学家理查德 · 道金斯——弗莱格的偶像之一。正是这篇文章让弗莱格走上了不同寻常的探索之路。这篇文章描述了具有自杀倾向的蚂蚁在大脑里的吸虫的控制下爬上了一片草叶——十年前，正是这种寄生虫让年轻的贾妮丝 · 穆尔恍然大悟，认识到原来操纵性生物可能是一股强大的自然力量。

这是弗莱格第一次听说操纵性行为，这给他留下了深刻的印象。这种现象听上去可能很奇怪，但却让他开始思考，寄生虫是否才是导致自己做出一些令人困惑的行为的根源。例如，他会在可怕的情形下做出奇怪的反应。“我觉得走到车水马龙的马路上没什么大不了的，”他和我说，“如果一辆车冲着我按喇叭，我也不会闪开。”即使有枪声也不会让弗莱格特别惊慌。他年轻的时候曾和其他学生一起前往土耳其的东南部，当时库尔德人和土耳其军队之间爆发了战争。子弹呼啸而过，他的朋友们吓得浑身不能动弹。他躲了起来,但却感到异常平静。“‘我是怎么回事？’我想。”

在接下来的十年中，奇怪的事情越来越多。尽管弗莱格身材瘦小，但他会空手道。然而，如果有人攻击他，他却不会自卫。买东西被店主欺骗他也不作声。“有些东西在妨碍我保护自己。”他开始认为自己被别人催眠了，这种担忧越来越令他感到困扰。人们是否真的有可能被催眠？如果有又该如何证明？他就这些问题与同事展开了长时间的讨论。在一次讨论过后不久，一位科学家同事询问他是否愿意参与一个旨在提高弓形虫检测灵敏度的研究项目。弗莱格同意做一只“小白鼠”，而后他很快得知自己竟被弓形虫感染了。他立刻开始怀疑这是否就是他行为鲁莽和对外在控制恐惧的原因。

他研读了科学文献，了解到老鼠在觅食时会接触到地上的猫粪，这常常使它们感染弓形虫。这些老鼠如果被猫吃掉了，微生物就会在猫的肠道中繁殖，然后被排泄出来，重新回到地上。弓形虫就这样一轮又一轮地传播。他通过钻研文献，兴奋地发现一位名叫威廉·M. 哈奇森（William M. Hutchison）的英国科学家在 20 世纪 80 年代就观察到，被弓形虫感染的老鼠呈现出极度活跃的状态。[7] 由于猫会被快速移动的物体吸引，弗莱格想知道是不是弓形虫让老鼠变得比平时更爱跑来跑去。此外，哈奇森发现受感染的老鼠更难区分熟悉的环境和陌生的环境 [8]——在弗莱格看来，这或许是弓形虫设法让老鼠被猫吃掉的方式之一。更不幸的是，被尊为捷克寄生虫学之父的奥托 · 基洛维克（Otto Jirovec）在 20 世纪 50 年代的报告中说，精神分裂症患者更有可能携带弓形虫。[9]“寄生虫不知道它是在我们人类的大脑里，而不是在老鼠的大脑里，”弗莱格推断，“所以它或许也在改变我们的行为。”[10]

他的进一步研究显示，世界上大约有 30% 的人脑子里都有弓形虫（他们中的大多数人对此毫不知情），所以要是弗莱格的怀疑有任何根据的话，这有可能对他们的健康造成了巨大的影响。弗莱格还了解到，清理猫砂并不是人们被弓形虫感染的唯一途径。你可能因为吃下了没有洗净的蔬菜或做完园艺后没有洗手而被感染。放牧的牲畜也能从地面上摄入弓形虫，这种迅速繁殖的生物不仅能进入动物的大脑，还能在其肌肉——我们吃的肉——中产生厚壁囊肿。因此，食用未煮熟的牛、羊肉的人感染风险更大。

事实上，在法国这个热衷食用“带血的”（Saignant，法语）肉类的国家，超过 50% 的人口都受到了感染。[11]（美国人会很高兴知道这一比例在美国要低得多，通常在 12%–20%。）人类感染弓形虫的另一种方式是饮用被猫粪污染的水，这在发展中国家很常见，那里的潜伏期感染者占比高达 90%。

为了检验这个操纵假说，弗莱格本想在哈奇森研究的基础上继续对老鼠开展更详细的实验，[12]不过饲养和安置动物的费用很高，而且正如后苏联时代的大多数捷克科学家一样，他缺少资金，所以他选择了“‘更便宜的实验动物’——大学生”。为了找出受感染和未受感染的受试者之间的心理差异，他凭借自己直觉所认为的寄生虫可能改变人类行为或思想的方式设计了调研问题。这些问题包括：

> 如果你受到了身体攻击会抗争到底吗？
> 你相信其他人能通过催眠或其他方式控制你吗？
> 你对迫在眉睫的危险是否反应迟缓或被动？
> 如果你意识到自己被骗了，你会抗议吗？

为了向受试者隐瞒这项研究的真正目的，他将这些问题与标准人格测试问卷上的 178 个问题随机混合在了一起。

结果却未如他所料。一个人的感染状况与他如何回答这些问题都没有关系。但是潜伏期的感染者的确具有一些突出的特征,奇怪的是性别对他们的这些特征也有影响。[13]与未受感染的男性相比，携带寄生虫的男性更倾向于违反规则，也更内向和多疑。与未受感染的女性相比，受感染的女性更倾向于遵守规则，而且她们的性格也更温和、更外向。

弗莱格对自己的发现持怀疑态度，随后他对学界以外的 500 多人——比如孕期接受过寄生虫检测的女性和献血者——展开了人格问卷调查。[14]他再次在与弓形虫相关的性状中发现了类似的性别差异。在一次实验中，评审员对实验室里的受试者们展开观察，评审员事先并不知道受试者各自的感染状况。[15]这项实验中的男性受试者在验血时最容易迟到，他们得到的评价也最糟糕，这与受到感染的男性更倾向于蔑视传统的发现相一致。“他们经常穿着又脏又旧的牛仔裤和皱巴巴的衬衫,”弗莱格说。那受感染的女人呢？“她们是所有人中最准时、穿着最好的。她们涂着指甲油，穿着昂贵的衣服，还戴着许多珠宝。”[16]

然而，在电脑测试中，被感染的男性和女性惊人地相似，而且都与没有被弓形虫感染的人存在很大的差异。[17]受试者坐在监视器前，按照指示，他们只要看到屏幕上的任何地方出现了矩形就要按下一个按钮。测试中，那些携带寄生虫的人的反应时间明显较长。对数据的进一步分析显示，测试开始几分钟之后，受感染人群的表现开始退化，因为他们的注意力开始分散。这一观察结果让弗莱格开始思考他们是否会成为汽车方向盘后的潜在危险因素。毕竟，安全驾驶需要时刻保持警惕，并且要对不断变化的路况做出快速反应。弗莱格对布拉格市中心的 592 名居民开展了一项研究，他发现携带寄生虫的人发生交通事故的可能性比没有被感染的同龄对照组高出 2.7 倍。[18] 由于流行病学看重数量，弗莱格对数量更大的人群展开了后续研究，他追踪了 3 890 名捷克参军人员的交通事故发生率。[19] 那些在调查初期被确认为寄生虫携带者的人，后续也发生了更多的撞车事故。“我估计每年有多达 100 万例道路交通死亡可以归咎于弓形虫。”[20] 弗莱格告诉我。

研究了弓形虫十余年后，他又有了一个激动人心的新发现，或者更确切地说，是重新发现。一天，当他翻找埋在书桌抽屉底部的文件时，偶然发现了自己对这个问题所做的第一份研究报告。他浏览数据表格，发现自己在计算时犯下了一个统计错误。通过重新计算这些数字，他发现受试者的感染状态其实严重影响了他们对那几个问题的回答。与未受感染的人相比，被弓形虫感染了的男男女女更容易相信他们可能被催眠控制，他们也更倾向于报告自己对迫在眉睫的威胁反应迟钝或被动，而且在危险的情况下几乎感觉不到恐惧。

弗莱格私下里的作风很低调，不张扬。他的办公室在查尔斯大学自然科学大楼的顶层，阳光明媚又幽雅，办公室有天窗和一扇可以看到树顶风景的窗子。我认为桌上和地上有堆积如山的文献是学界人士室内装潢的标配，但很明显他没有这些东西。弗莱格是一个整洁的人，不过他自己也承认，这一点在涉及他的外表时就没那么明显了，而与他被弓形虫感染的状态相一致，他穿着旧运动鞋、褪色的牛仔喇叭裤和一件腰部鼓鼓囊囊的衬衫。

在和他握手后，我脱口而出道："我打赌你喜欢猫，对吗？"我说这话通常是开玩笑的，不过也是为了确认他对这种动物的感觉，因为弗莱格的思维并非总是可以靠逻辑来推断。

他的表情立刻变得柔和了，表现出对猫毫无疑问的迷恋。"我们家里起码有两只猫，"他满是爱意地说，"它们有一扇小门，有时候邻居的猫也会来做客。"他走到电脑前，给我看一只黑白燕尾猫和一只龟甲猫的照片，它们在他的腿上趴着，看起来满足又快乐。一对红发的男孩和女孩也出现在这些照片中，他们是弗莱格的孩子。

"你不担心他们被感染吗？"

"我当然不希望我的孩子被感染。如果保持屋子清洁，那么（感染的）概率相对较低。”寄生虫的卵囊被猫排泄后，“需要先暴露在空气中三到五天，然后才具有传染性。你擦柜台和桌子的频率要更高些，而且在换过猫砂后一定要洗手，”他说，“这样就相对安全。”

“相对”这个词不断出现，但他还是进一步打消了我的疑虑。他说，一只猫只能产生一批寄生虫卵囊，它不会被二次感染，因此猫的一生中，只在短暂的一段时间内有可能把弓形虫传染给主人。他还补充说，并不是所有的猫都会被感染。事实上，常常待在室内的宠物不会感染寄生虫。他提出："我认为园艺才是感染的主要来源。”

当谈话转向他的研究时,他的表情变得严肃起来。“我花了几年时间才相信自己的发现，”他说，“现在我不再怀疑，不过解读数据……这可要难多了。”例如，被感染的男性和女性有时表现出相反的特征，这一发现令他感到困惑。“一种可能性是寄生虫会给人们造成压力，男性和女性处理压力的方式不同。”他继续说，根据心理学的一种理论，女性通过与他人接触来应对焦虑。“她们会照顾他人并交朋友”，他说这是领域内的普遍认知。与之相比，男性在压力下更倾向于退缩。

“你能通过观察就猜出某人是否携带了寄生虫吗？比如我？”我问道。

“不行，”他说，“寄生虫对性格的影响非常微妙。”如果你在被感染前是个矜持的女人，他说，寄生虫不会把你变成一个非常外向的人。它也许只会让你变得没那么矜持。“我是被弓形虫寄生的典型男性，”他继续说道，“但我不清楚自己的性格特征是否与感染有关。这对任何人都说不准。一般需要大约50名感染者和50名未被感染者才能看出统计学上的显著差异。绝大多数人都不知道自己被感染了。”

弗莱格带我简单地参观了他的实验室，实验室主要由计算机组成，他的研究生花了很大一部分时间将问卷中的数据录入电脑。但是最近，他说他已经拓展了自己的研究，将生化方法也包括了进来，并且获得了一些“非常有趣”的结果。他发现大学里被寄生虫感染的男生比没被感染的男生睾酮水平高。此外，他向女生展示了受试者的面部照片，女生们认为被感染的男生更有男子气概。他提醒称，这些都只是初步的发现。

在返回弗莱格办公室的路上，我们在另一个实验室停了下来。弗莱格将墙上奥托·基洛维克的黑白照片指给我看。这位备受尊敬的捷克寄生虫学家，早就发现了精神分裂症患者的弓形虫感染率很高。弗莱格告诉我，他自己刚刚完成了对同一问题的研究，这项研究采用了基洛维克时代所没有的大脑成像技术。当我们再次坐在弗莱格的办公室里时，他递给我一篇刚发表的论文。[21] 44名精神分裂症患者参与了实验，尽管实验规模很小，结果却并不含糊。根据核磁共振成像扫描，其中 12 人大脑皮层部分区域的灰质缺失。这是一种令人困惑却并不罕见的病征，而且这些人也都是寄生虫携带者。我朝他扬了扬眉，说："哎呀！"他回答道："吉里和你的反应一模一样。"

吉里·霍拉契克（Jiri Horacek）是布拉格精神病中心和查尔斯大学的精神病学家，曾与弗莱格合作开展这项研究，不过这是弗莱格唠叨了他几个月后的结果。[22] 正如霍拉契克后来告诉我的，他一度没有答应弗莱格，是因为他"刚开始，对弓形虫可能是精神分裂症患者灰质减少的背后原因持怀疑态度。但是当我们分析数据时，我惊讶于这种现象是如此明显。这让我意识到寄生虫可能会引发天生敏感的人群患上精神分裂症"。（大家先别被吓坏了，要知道只有 1% 的人会被诊断为精神分裂，所以考虑到潜伏性感染的广泛存在，携带弓形虫显然并不会大大增加一个人患上精神分裂症的可能性。）

近年来，弗莱格的一些发现被证明比他的其他发现更站得住脚。他的研究表明，被弓形虫感染的人更容易发生交通事故，这一研究结果得到了土耳其的两例独立研究和墨西哥的一例研究支持。[23] 墨西哥的另一项研究还发现，携带这种弓形虫的人更容易发生工业事故。[24] 而且独立研究人员的大量科研成果表明弓形虫与精神疾病有关。奇怪的是，被弓形虫感染的雄性老鼠睾酮水平异常升高，然而弗莱格却无法证实男性受试者睾酮水平也存在同样的关联。[25]他说："我不再那么确信受感染男性体内的激素水平会升高。"当他转而使用另一份新的人格测试问卷时（心理学家认为这份问卷比上一份问卷更准确），他得到了完全不同的结果。[26]性别差异消失了，受感染的男性和女性与未受感染的同龄人比起来，不太有责任心，但更外向。

尽管有这些不一致或看似矛盾的结果，弗莱格仍然相信寄生虫会对人类的个性产生影响。"在实验室内的测试中，我们研究了基因完全相同的动物，这些动物的生长环境也非常类似。因此，它们对弓形虫感染的反应可能是一样的。相比之下，人类各自的特征和生活经历更加多变，因此，他们对寄生虫感染的反应也更加多变。我们还要记住，心理学不是数学。任何心理学家都知道，卡特尔人格因素问卷（弗莱格使用的第一个测试）与五大人格特质问卷（研究中使用的另一个测试）中所衡量的外向程度和自觉性，虽然有着相同或类似的名称，但指的却是不同的性格特征。"换言之，按照他的说法，他的研究发现中的差异可能很大程度上是由于他使用的衡量标准不同所造成的。

弗莱格有可能是对的，但另一种可能是他发现的趋势也许并不存在。"弓形虫性格"是虚构的。事实上，即使弗莱格在两项测试中都发现了与感染有关的相同人格特征，但二者之间的相关性并不是因果关系。打个比方，多年来，人们一直认为喝咖啡会增加患癌症的风险，后来人们又发现，喝咖啡的人比不喝咖啡的人更有可能吸烟。一旦考虑到这一点，咖啡与癌症之间的联系就不复存在了。弗莱格或许同样忽略了一个可能干扰他解读数据的外来因素。

尽管他的发现还没有被完全重现出来，但是正在进行的研究——其中大部分由世界著名大学开展——表明我们不该太快地否定这样的观点：寄生虫能改变人的情绪和个性，或者对不同性别的人产生不同的影响。虽然情况正在迅速地改变，但是奇怪的模式——弗莱格研究时发现的怪异回响，不断在动物和人类研究中出现。现在就预测历史会将弗莱格标榜为疯子、理想家抑或二者兼而有之，还为时过早。但是毫无疑问，随着美国、欧洲和亚洲许多实验室对这个问题的深入研究，人们开始愈发担心潜伏性感染可能并非那么无害。

恰巧，就在这位捷克生物学家刚开始怀疑弓形虫可能是操纵者的时候，牛津大学的年轻英国科学家乔安妮·韦伯斯特（Joanne Webster）也产生了同样的想法，不过她有资源可以通过动物实验来检测自己的直觉。韦伯斯特直到很多年后才得知弗莱格的研究，她为彼此研究中的相似之处感到震惊。[27]“我很高兴，”她说，“他的发现正是我们根据动物模型得到的预测结果。”

当韦伯斯特进入这一领域时，无脊椎动物中寄生性操纵的例子比比皆是，但哺乳动物等脊椎动物的例子却明显缺乏，这让她迫不及待地想要证明这一现象也适用于脊椎动物。[28]“我不由想到弓形虫很可能是操纵行为的头号候选人。这种寄生虫位于老鼠的大脑中，它的最终宿主是猫，这是一个自然系统，你可以预测它的发生。”

她很快就证实了自己的同乡哈奇森早期的观察结果，哈奇森发现受感染的老鼠更加活跃并且对捕食者的警惕性更低。随后，韦伯斯特在一个大型户外围栏中研究老鼠，在那里老鼠可以自由活动，她有了更了不起的发现。[29]在围栏的一个角落，她放了些水；在第二个角落，放了老鼠的尿液；在第三个角落，放了猫的尿液；在最后一个角落，放了兔子——一种不以老鼠为食的动物——的尿液。她推测寄生虫可能会减弱老鼠对猫的气味的厌恶。“我们非常惊讶地发现，寄生虫不但产生了这种影响，而且实际上还增强了猫的气味对老鼠的吸引力。老鼠在猫的尿液处理过的区域待的时间更长。”她说。她的团队再次进行了实验，用以老鼠为食的其他动物的尿液代替猫尿。例如，在一次实验中使用了狗的尿液，而另一次实验中用了水貂的尿液。受感染的老鼠没有被除猫以外的任何捕食者尿液的气味吸引，她将这种现象称为"致命的猫吸引力"。

为了探究弓形虫是如何取得这个惊人成就的，她的团队给这种寄生虫加上了荧光标记，并跟踪了它在受感染的老鼠大脑中的位置。研究人员预期会在老鼠大脑的特定部位发现寄生虫的囊肿，因为寄生虫对老鼠的行为产生了非常精确的影响，而且受感染的老鼠除了会被猫的气味吸引之外都表现得非常健康。但是结果正相反，研究人员发现，尽管囊肿在某些神经中心分布得比较密集，但仍旧是散布在大脑各处的。这让韦伯斯特推测，寄生虫像散弹一样分散在大脑中，只有无意地碰到影响动物情绪或原始冲动的关键区域时，才会诱发动物行为的改变。

在千禧年初期，弓形虫的操纵机制仍然是一个"黑匣子"。[30] 不过，2009 年利兹大学的寄生虫学家格伦 · A. 麦克柯齐（Glenn A. McConkey）成功地撬开了匣子的一角，让弓形虫的隐藏天赋得以显现。讽刺的是，弓形虫最初并不是他研究的焦点。麦克柯齐多年来都在研究导致疟疾的原生动物。不过这种单细胞生物恰巧是弓形虫的近亲，因此他的团队开始比较这两种生物的 DNA 序列，希望从二者 DNA 编码方式的差异中寻找线索，了解它们为何会导致如此不同的疾病。麦克柯齐在开展这项工作的过程中突然意识到，只有弓形虫对大脑有很强的亲和力，并且能够改变老鼠的行为，因此这种微生物可能有编码神经化学物质的基因，这让它能够与动物的神经系统交流。当时，许多与哺乳动物大脑功能相关的基因已经被其他科学家发现了，因此他开始在数据库中搜索弓形虫的相关序列。弓形虫的基因组中出现了一个基因，而这个基因并不存在于引发疟疾的疟原虫的序列中。他惊喜地发现这个基因编码的蛋白质参与了多巴胺的生成。[31] 多巴胺是一种神经递质，它对愉悦的感觉至关重要。想想性爱、摇滚乐，还有类似恐惧这样的强烈情感。在人体内，这种化学物质与创伤后应激障碍有关，它还能调节专注力和活跃水平。“多巴胺的功能与对受感染老鼠的观察结果如此吻合，我感到很震惊。”麦克柯齐表示。这些受感染的老鼠极度活跃，没那么有警惕性，也不太害怕猫的气味。猫的气味中一定有令它们感到愉悦的东西，否则它们怎么会被吸引？“然后我读到了有关精神分裂症的多巴胺假说的文献。”麦克柯齐说。

40 年来，研究人员发现这种疾病的患者多巴胺水平通常会升高——这是关于精神分裂症的又一个奇怪的观察结果，就像患者的大脑灰质减少一样，一直令医生感到困扰。寄生虫只要藏身于宿主的大脑中就会分泌出这种化学物质吗？麦克柯齐和韦伯斯特决定合作，找出答案。2011 年，他们找到了答案：携带寄生虫的神经元产生的多巴胺是正常状态下的3.5倍。[32]事实上，他们在受感染的脑细胞内发现了大量聚集的多巴胺。

这一发现也使得有关寄生虫的早期发现更为明晰。例如，此前有研究人员发现，当人们把抗精神病药添加到正在繁殖弓形虫的培养皿中时，药物会阻碍其生长。[33]韦伯斯特认为，这表明该药物可能是通过抑制寄生虫的生长来抑制精神分裂症的症状。为了进一步证实这个想法，她用弓形虫感染老鼠，然后给老鼠服用抗精神病药，结果“致命的猫吸引力”并没有发生在这些老鼠身上。突然间，弗莱格关于这种寄生虫会改变人类行为的说法似乎不再那么牵强了。

与此同时，由罗伯特·萨波尔斯基（Robert Sapolsky）领导的一组斯坦福神经科学家正在研究弓形虫，并饶有兴趣地观察着进展。[34]寄生虫学家和神经学家并不常在同一个圈子里来往，所以萨波尔斯基直到21世纪初才知道韦伯斯特的“致命的猫吸引力”的研究。萨波尔斯基读完韦伯斯特的论文后不久在《科学美国人》中写道：“这太令人吃惊了，这就好像某人感染了一种大脑寄生虫，这种寄生虫对他的思想、情绪、SAT分数或电视节目喜好没有任何影响，但为了完成寄生虫的生命周期，他会产生一种不可抗拒的想去动物园的冲动，想翻过栅栏去法式亲吻一头看起来最暴躁的北极熊。”[35]

萨波尔斯基对将寄生虫与鲁莽驾驶联系起来的研究也很感兴趣。在一个由科学智库“锋沿”（Edge）组织的沙龙式论坛上，[36] 他说他曾与斯坦福大学附属妇产科诊所从事弓形虫检测的医生们讨论过二者之间的联系。在交流时，“有个医生跳了出来，回忆起 40 年前，说：‘我刚刚记起来，当我还是住院医生时，正好轮派到做外科移植手术。有一位年长的外科医生说，如果你拿到了摩托车事故遇难者的器官，就检查器官里是否有弓形虫。我不知道为什么，但是你能发现很多弓形虫。’”

萨波尔斯基说，英国研究人员关于该寄生虫的报告，加上人们对它在大脑中的作用知之甚少，以及它可能会把人类卷入它的计划中这个刺激性的暗示，都让弓形虫成了一项“无法抗拒的研究”。[37] 2007 年，他在没有获得任何资助的情况下，大胆地踏出了科研飞跃性的一步。他加入了一个人数不多但规模却不断壮大的研究团队，该团队成员积极地想要找到这种寄生虫是如何控制哺乳动物大脑的解释。[38]

他所在的团队开始重复韦伯斯特的“致命的猫吸引力”研究，他们很快就做到了。[39] 正如英国的研究小组一样，斯坦福大学的研究人员发现寄生虫广泛分布在动物的大脑中，但在某些区域更为常见，特别是对多巴胺高度敏感以及与恐惧和愉悦相关的区域。开展这项研究几年后，萨波尔斯基报告称，他们的研究表明寄生虫“基本上切断了恐惧通路”。这有助于解释受感染的老鼠为什么不再厌恶猫的气味。“但是你必须解释更多的问题，”他继续说道，“老鼠简直喜欢上了猫的气味。”

事实证明，这其中的原因很难弄清。但是渐渐地，他与合作者们根据一条接一条的线索，开始拼凑出了弓形虫的“作案手法”。弓形虫不仅会进入大脑，而且会进入睾丸，它会增加睾酮的产生。[40] 此外，雌性老鼠也更愿意与受感染的雄性老鼠交配。“这种效果非常强烈，”萨波尔斯基当时的博士后阿詹·维亚斯（Ajai Vyas）告诉我，“75%的雌性更愿意花时间和被感染的雄性相处。”弓形虫也会侵入雄性的精液，所以当雄性与雌性交配时，弓形虫会感染幼崽，产生更多将弓形虫转移回猫肚子里的载体。

将这种现象称作“奇怪”都算是轻描淡写了。大多数物种的雌性个体对潜在配偶可能受到寄生虫感染的任何迹象——如暗淡的羽毛或没有光泽的皮毛——都非常敏感，而且会小心翼翼地避开它们。而弓形虫却颠覆了自然的法则。这也带来了一个令人担忧的问题：弓形虫有可能通过人类的性行为造成传染吗？

“这是我们正在努力解决的问题，”维亚斯说，他后来去了新加坡的南洋理工大学，“我们正试图从人类睾丸中找到一些活检样本。”

正当我认为不会有更奇怪的科学发现时，它出现了。在这些事情发生时，我接到了弗莱格的电话，他说自己有一篇论文即将发表，“证明了人类中也存在致命的猫吸引力。”[41] 他这么说的意思是受感染的男性也喜欢猫尿液的气味——或者至少他们比未受感染的男性更喜欢猫尿液的气味。受感染的女性则表现出了相反的趋势，她们比未受感染的女性觉得这种气味更难闻。嗅探测试是蒙住受试者的眼睛进行的，试样中还包括了狗、马、鬣狗和老虎的尿液。无论受试者是否被感染，他们对其他样品的反应都没有显著差异。

“猫尿对受感染的男性而言，有没有可能是一种春药？”我问。“是的，有可能。为什么不可能呢？”弗莱格说。我觉得电话那头的他微笑了，不过我不确定。

很快，维亚斯也和我恢复了联系，因为他的研究进展飞速。[42] 他渐渐开始认为，在让老鼠走到猫跟前的情况中，与产生多巴胺的能力相比，弓形虫提高睾酮水平的能力更加重要。他指出，在没有弓形虫的情况下，一只老鼠的睾酮水平如果很高，它也会自大、好斗又大胆。（顺带一提，一系列研究表明，人类也是如此。例如，研究发现，每天早上从伦敦证券交易所的对冲基金男性交易员身上采集唾液样本来测定睾酮水平，发现他们会在睾酮水平最高时做出风险更高的交易。[43]）所以，维亚斯说，从最基本的层面来看，弓形虫不过是利用了激素的正常功效。

但是，一个接一个的变化放大了影响的恶果。维亚斯发现，当睾丸产生的过量睾酮到达大脑时，会引发一连串的化学变化，最终改变某些神经元内DNA的表达方式——这就是生物学家所说的表观遗传改变。[44] 基因告诉细胞产生什么化学物质、产生多少以及应该什么时候产生。因此，这会导致大脑中与嗅觉相关的那部分神经元以不同的方式运作。这一切造成的结果是，当一只被感染的老鼠嗅到猫的气味时，这种气味不仅会唤起那些负责大喊“逃命！”的神经元（这如你所料），同时也会唤起邻近负责被配偶诱人气味吸引的神经元，它们会告诉老鼠靠近些。简而言之，萨波尔斯基称“弓形虫让雄性老鼠觉得猫的气味很性感”。被迷惑的雄性老鼠常常跑上前来，却发现自己追求的是一只猫。

雌性老鼠的情况也同样奇妙。[45] 雌性在被感染时也会经历剧烈的激素变化，但激素的类型不同。萨波尔斯基的团队研究表明，寄生虫让雌性血液中黄体酮的水平升高，黄体酮调节雌性的性周期。事实上，它们恰好在此时开始变得行为轻率，就像睾酮升高的被感染的雄性一样。关于弓形虫的“雌雄有别”，仍旧有许多问题有待了解。不过，弓形虫从未停止带给人们惊喜，所以科学家认为它有可能，或许甚至已经针对不同的性别演化出了一套完全不同的操纵方法。[46]

然而，并不是它的所有影响都如此有针对性，至少斯坦福大学的研究团队目前是这么认为的。2013 年，萨波尔斯基从研究工作中退休，[47] 团队中一位继续开展研究的神经解剖学家安德鲁 · 埃文斯（Andrew Evans）向我介绍了他们的最新工作。他说，弓形虫侵入大脑时会导致许多不同类型的损害，这取决于它所处的位置。[48] 例如，在一些老鼠中，弓形虫可以迁移到下丘脑，一个调节性激素的区域，而且“这是弓形虫囊肿的主要部位”。弓形虫也可能聚集在许多与捕食者厌恶行为有关的大脑其他区域，包括与风险评估、冲动控制、空间记忆和导航能力等有关的区域。“我们看到了特定行为与大脑中囊肿位置之间的相关性。”埃文斯说，“自然选择会产生许多导向相同结果的趋同机制。”

斯坦福的团队还有另一个重要发现：在被寄生虫感染的老鼠中，只有半数老鼠的大脑里长出了囊肿，而所有老鼠的血液中都有抗囊肿的抗体。显然，其他老鼠在入侵者到达头部之前就已经将其击退了。令人鼓舞的是，埃文斯认为人类在许多情况下可能同样成功地阻止了寄生虫进入大脑。

不过，该团队的研究结果显示，在与寄生虫的斗争中败下阵来的老鼠——进而类推到人类——的大脑中通常会长出 200—500 个囊肿。每个囊肿都不仅是潜在的多巴胺工厂，它们还会引发局部免疫反应，进一步破坏周围神经递质的平衡。基本上，身体对寄生虫的抑制策略是剥夺它们从休眠状态中醒来所需的化学物质，但这种化学物质同样也是大脑正常精神功能所必需的，因此这种抑制策略可能会让宿主付出代价。

“寄生虫将改变大脑中 200 个不同位置的多巴胺、γ-氨基丁酸、谷氨酸盐和其他关键神经递质，”埃文斯说，“因此它将不知不觉地影响人类行为也就不足为奇了。”或者，如果囊肿碰巧在某些区域聚集，甚至可能导致精神疾病。“我的确重视那些声称自杀和精神分裂症的增加与寄生虫有关的报道。”埃文斯说，他认为这绝对合理，这些有机体可以“加剧潜在的精神状况。例如，我们可能都处于精神分裂症的谱系中。没有被寄生虫感染的人可能已经表现出了轻微的精神分裂症症状，但他们被寄生虫感染后，症状会恶化”。寄生虫的囊肿分布因人而异，这可以解释报告中受感染人群所发生的性格改变，如更加冲动，恐惧感减少，在诸如“何时加速、何时超车”等危险的情况下判断失误。

埃文斯提醒说，大脑中有囊肿并不会自然而然地让宿主出现精神问题。几百个囊肿听上去好像很多，但脑子里有数十亿个非常善于改变信号通路的神经元，这让信息能够在患病区域附近顺畅地传递。

萨波尔斯基还向我们强调，要正确看待潜伏性感染可能带来的危险："我不太担心，因为它对人类的影响不是很大。如果你想减少严重的交通事故，又不得不在治疗弓形虫感染和让人们不要酒后驾车、开车发信息之间做出选择，那么就影响而言，当然应该选择后者。"[49]

韦伯斯特持类似的观点，不过要稍微悲观一些。"我不想引起任何恐慌，"她强调，"绝大多数人都不知道自己已经被弓形虫感染了。受感染的人大多会表现出微妙的行为转变。但是在少数情况下，我们不知道具体有多少，可能与精神分裂症、强迫症、注意力缺陷多动障碍或情绪障碍有关。老鼠可能活两到三年，而人类则可能会携带它数十年，这就是为什么我们可能会在人类身上看到这些严重的副作用。"[50]

在听了这么多关于弓形虫的观点后，我突然想到自己并不知道它实际长什么样子。因此，我在斯坦福访问的时候询问我能否在显微镜下观察弓形虫。埃文斯去度假了，帕特里克·豪斯（Patrick House）——当时是一名研究生，现在是神经科学博士——陪我去了一个实验室，他在那里放了一张幻灯片让我看。

豪斯解释了他经由哲学走向弓形虫研究的道路。[51]"我在加州大学伯克利分校念书。我对诸如自由意志等问题感兴趣。许多哲学书籍会稍微涉及现代神经科学，但却浅尝辄止。”随后，他在逛旧书店时，偶然发现了一本出版于2003年的书，书中有一篇文章提到了“致命的猫吸引力”及对人类的潜在含义。“我拿起那本书把它读完了，然后马上意识到这就是我想研究的问题。”这个问题如此吸引他的原因可以归结为：“大多数人觉得，止痛药或药物可能改变我们的行为的想法不会令人不安。但是这小小的寄生虫的情况就很不一样了。成百上千个单细胞寄生虫会在你的大脑中存在一辈子。因为你无法摆脱它们，也不知道它们就在那里。从什么时候开始，它们的影响成就了你现在的模样？”

“我们，”我插话道，“究竟是不是应该为自己的行为负法律责任？”我说出这样的话只是为了挑衅，或者说，为了试探他认为这个领域在未来一二十年内的走向。未来已经到来了。他告诉我，斯坦福法学院的教授们最近邀请他在一次非正式座谈会上讨论这个问题，显然，他和我一样对他们的兴趣感到震惊。“在我读博期间，基本没人听说过有法学教授会就弓形虫问题发问。这太棒了。这是飞速的发展。”

律师和学生不断向豪斯提出一个问题：你如何知道一个人大脑中的某个部位有寄生虫会影响他的行为？

豪斯解释道，即使是老鼠，科学家也只能预测群体如何对感染做出反应，而不能确定单独一只会有什么反应。法律学者告诉他，法院对接受从新的科学方法或发现中获得的证据有非常严格的规定。因此，鉴于该领域目前的局限性，一个人的感染情况在大多数审判中是否有资格成为可接受的证据，他们对此深表怀疑。

“尽管如此，他们说还是有可能会使用它的，比如在死刑案件中。”豪斯补充道，兴奋中带着一丝难以置信。豪斯被告知，当死刑判决摆在面前时，法院对可以用来为某人辩护的证据要宽容得多。因为被定罪者可能必须要为其恶劣的罪行付出生命的代价，这使得判决不具有可逆性，社会愿意降低构成可信证据的标准，来减轻这些案件中的影响因素。

尽管邀请豪斯在座谈会上发言的是刑法专家，但卫生保健专业人员也提出了豪斯预料之外的问题：如果潜伏的感染使你容易患上精神疾病，那么是否应该将其视为一种已存在的疾病呢？汽车保险公司是否可以以你更有可能出车祸为由提高你的保险费率呢？“从智识上来说，”豪斯回忆起当时的情景道，“我喜欢对自由意志有所警惕的想法，但我从未想过对自由意志的警惕要付出代价，也从未想过要调整社会所有基础设施的可行性。”

现在是时候让我来瞧一眼这个小小的捕食者了——至

少我是这么想的。事实上，在我俯身看显微镜时豪斯向我解释说，我看到的是被寄生虫感染了的或与之有过相互作用的老鼠大脑中的神经元。我被他所说的“相互作用”搞糊涂了，然后我了解到了寄生虫的另一个令人不安的事实。寄生虫并不总是入侵神经元。当它在大脑中迁移时，它偶尔会给脑细胞注入一种化学混合物，然后继续前进。“我们称之为‘注射了就跑’。”

“它注入的混合物是什么？”我问道，“它对脑细胞有什么影响？”

“不知道，但是它注射过的神经元比入侵的要多。”豪斯告诉我，这很可能强化了寄生虫干扰动物行为的能力。被感染和被注射的神经元都呈现荧光绿的颜色，因为研究人员通过荧光标记使其可视化了。根据豪斯的说法，被标记的神经元数量从几十个到五千个不等，这取决于老鼠个体。“不存在两只大脑看上去一样的老鼠。而研究中的所有动物都是在完全相同的条件下，在相同的年龄被相同剂量的寄生虫感染。所以当我想到十几亿人都携带了这种寄生虫时，我不禁认为他们每个人所受到的感染都稍有不同。”

涉足弓形虫这个陌生研究领域的精神病学家并不多，E. 富勒 · 托里是少数几个人之一。他惊讶地发现动物实验的结果很好地补充了对人类的研究。“这不是一个流行的研究路数,所以结果看起来好到不像是真的,”[52] 他告诉我。我当时在马里兰州贝塞斯达的斯坦利医学研究所拜访他。他领导斯坦利医学研究所多年，该机构也是美国精神分裂症和双相情感障碍研究的最大私人资助者之一。（他目前担任其研究部门的副总监。）

近 40 年来，托里一直认为，传染性生物可能是导致精神疾病的常见原因。他承认自己的家庭悲剧可能是他狂热地探究这一异端思想的背后原因。1956 年，他的妹妹，一名受欢迎的高中生，马上要上大学了。但是，她却毫无征兆地出现了明显的精神分裂症状。当时还是普林斯顿大学学生的托里匆忙回家，帮助他寡居的母亲应对这场危机。

当时精神病学仍处于黑暗时代。主要专家认为，精神分裂症是人们对冷漠、缺乏关爱的父母的绝望反应。他们含蓄地向托里的母亲传达了这一观点，这让她对女儿的困境除了感到痛苦之外，还多了负罪感。不到十年，托里就成了精神分裂症专家，他发现当时那些武断的看法不过是冠冕堂皇的垃圾，于是他开始孜孜不倦地寻找导致疾病的真正原因。他决定从头开始，从数百年的病历和历史资料中搜寻线索。

“现在的教科书仍然愚蠢地称精神分裂症一直存在,它在全世界的发病率都差不多，而且自古以来就是如此。”[53]

他说。“流行病学数据与之完全矛盾”——这是他在与他人合著的书《无形的瘟疫》[54]（*The Invisible Plague*）中记录的结论。

他发现，直到18世纪后期，除了古埃及人以外，几乎没有人养猫做宠物。第一批接受这种做法的人“是诗人——巴黎和伦敦的先锋派、左翼人士，养猫这时才成为流行的做法”。人们称之为“猫热潮”。与此同时，精神分裂症的发病率急剧上升。

这种疾病，“在完全发病的时候症状十分显著，因此在1806年英国和法国同时出现对精神分裂症的描述之前，医学文献中没有清楚的描述，这很不寻常，”他说道，“我的意思是在15、16世纪的时候也有一些非常优秀的观察者。”[55]

最引人注目的是，精神分裂症患者产生针对弓形虫的抗体的可能性是没患病的人的两到三倍。[56]这一结论基于他与约翰斯·霍普金斯大学的儿科医生和神经病毒学家罗伯特·约肯（Robert Yolken）合作开展的概论分析，他们针对这一主题搜集了来自世界各地的文献，共计有38项高质量的研究。

人类基因组的发现清楚地表明，精神分裂症具有很强的遗传性，这一发现似乎与他们的立场相冲突，但是托里和约肯不这么认为。[57]迄今为止的研究发现，与精神分裂症联系最紧密的基因是那些控制免疫系统抵御感染因子的基因。托里和约肯说，精神疾病高发的家庭中，被传递给后代的风险因素可能是对弓形虫的免疫反应失效。

托里和约肯认为，风疹、EB 病毒、流感、疱疹和其他细菌可能会加重精神分裂症。此外，研究人员还认为一些病例涉及与微生物无关的诱发因素。例如，大量使用大麻和新生儿并发症也与这种疾病有关。但到目前为止，弓形虫被确认为是最强的环境诱因之一。"如果我必须猜一下，我会说大约四分之三的精神分裂症病例与传染因子有关，"托里说，"我相信大多数病例都涉及弓形虫。"

其他研究人员中，出生于罗马尼亚，就职于马里兰大学的精神病学家特奥多尔·波斯托拉契（Teodor Postolache），现在已经开始把弓形虫与自杀联系起来，这进一步加剧了争论。[58]波斯托拉契在研究自杀风险因素时，发现了一个有趣的观察结果：极度抑郁或有自杀倾向的人更有可能出现大脑炎症的迹象——这是对感染或损伤的免疫反应。这条线索和其他迹象让他认为弓形虫囊肿可能是一些自杀案例的诱因。他在欧洲合作者的帮助下试着探索这一理论。他和同事发现，在欧洲大陆的 25 个国家中，女性自杀率的上升与每个国家寄生虫的流行成正比。[59]他的团队与其他研究人员协同对 45 271 名丹麦妇女开展了一项前瞻性实验，这些妇女在分娩时接受了弓形虫检测。[60]

在接下来的15年里，那些针对寄生虫抗体水平升高的人比正常人的自杀可能性高1.5倍。对抗体水平最高的人来说，自杀风险翻倍。波斯托拉契的团队和独立研究团体继续将弓形虫与男性、女性的自杀行为联系在一起，研究的地区包括土耳其[61]、瑞典[62]、巴尔的摩和华盛顿[63]等多个地域。

“我不认为我们现在可以说是弓形虫导致人们自杀，”波斯托拉契提醒道，“也有可能是精神疾病会让你更容易感染弓形虫。”

不过，自从表达了这一观点后，波斯托拉契更相信寄生虫是一个可能的诱因了。他与其他合作者对从慕尼黑的登记处随机挑选的1 000名受试者进行了研究，这些人都经过了仔细筛查，排除了任何精神病史。[64]受试者被要求填写一份问卷来评估他们的自杀风险，并接受弓形虫的血液检测。受感染的人群比未受感染的参与者更有可能表现出与自杀相关的特征，其中包括男性的冲动和寻求刺激的行为，以及女性的攻击性——既针对他人也针对自己。这让人想起弗莱格的发现，其中有许多特征与危险驾驶和其他轻率行为密切相关。

“我希望看到有独立的研究小组也能得到相同的结果，”波斯托拉契说，“这对进步发展至关重要。”

鉴于种种与弓形虫有关的困扰，爱猫人士是否应该考虑切断与猫的联系呢？

大多数科学家都同意弗莱格的观点，即人们不需要采取激烈的措施来保护自己免受寄生虫的侵害。事实上，大量的研究表明，猫能给主人带来许多心理上的益处。所以，要是说放弃它们的陪伴会产生什么作用的话，结果可能会是恶化心理健康而不是改善。专家说降低感染风险的有效方法包括以下几种：小心更换猫砂，好好清洗蔬菜，做园艺时要戴手套。因为牛肉和羊肉是与寄生虫接触的常见来源，医生还建议把肉煮熟再食用。或者如果你喜欢吃偏生的肉，可以先把它冷冻起来杀死微生物的囊肿。最重要的是，在不使用儿童沙箱的时候要盖上盖子，这些都是猫最喜欢掩埋粪便的地方。

不幸的是，如果预防措施失败，医生目前几乎没有办法将寄生虫从大脑中移除出去，因为寄生虫的囊肿壁很厚，大多数药物都无法渗透进去。不过，在对潜伏性感染担忧的推动下，一些团体正在寻找能够解决这一障碍的药物。由于弓形虫与导致疟疾的原生动物有着密切的亲缘关系，这些团体研究的主要方向是筛选疟疾药物对弓形虫囊肿的有效性。在对老鼠的实验中，该策略已经确定了几种有希望的药物，大大增加了人们对今后可能出现的人类潜伏性感染治疗的希望。

为了说明在这项努力中的进度，约肯用过去几十年医学上对溃疡的治疗来做类比。“多年来，人们都怀疑幽门螺杆菌会导致溃疡，但只有当我们对这种细菌有了更好的治疗手段后才能得到肯定的结论。这正是我们所需要的。最终的目标是为了证明，当我们将寄生虫从人们身上移除时，人们的症状会消失。”

当然，波斯托拉契也怀有同样的希望。[65] 虽然现在时机还不成熟，但他承认该领域先锋的研究发现已经让他对人类行为有了不同的思考。“很多时候，我们不知道自己为什么会做出这些行为，”他说，“我们通常将情绪障碍与幼儿时期的冲突联系起来，但谁知道呢？我们的某些潜意识可能受到了病原体的控制。”

不幸的是，弓形虫很可能不是我们思想的唯一操纵者。正如我们将会看到的，还有其他寄生生物可能影响我们自我意识中的许多核心要素——我们的情绪、食欲、记忆和推理能力。

Chapter

< 5 >

第五章　危险关系

做实验的想法源于一次偶然的谈话。[1]贾妮丝·穆尔应邀在纽约州立大学宾汉姆顿分校发表寄生性操纵的主题演讲。活动前一天，那里的生物人类学家克里斯·瑞柏（Chris Reiber）帮另一位同事去机场接她，并邀请她回家吃饭。瑞柏不太了解穆尔和她的研究，所以她在准备食物时问了穆尔一堆问题。瑞柏听到穆尔讲的自然界中操纵者的故事时，立刻想到了人类的性传播疾病。在来到宾汉姆顿之前，瑞柏曾在加州大学洛杉矶分校的神经精神病学研究所工作，该研究所与附近治疗艾滋病患者的诊所合作密切。瑞柏告诉我："诊所的主管以前常常和我说，艾滋病毒阳性患者会经历可怕的最后阶段，他们此时会对性产生强烈的渴望。"这些都是轶闻报道，并非可靠的记录，不过她开始怀疑它们或许有些事实根据，因为当她参加科学会议时，其他医疗卫生专业人员也分享了类似的情况。她暗示穆尔，这些冲动如果是真的，也许是病毒试图在宿主即将死亡之前进行传播。

穆尔认同这个有趣的想法，但是要证明这一点就必须做出别人想都不敢想的事来：感染健康的人。她说，必须要比较人们在感染前后的行为，才能得到有力的证据。

“那么你会如何在人类身上研究这一问题呢？”瑞柏追问她。

很快，这两位科学家开始思考其他可能会操纵人类的微生物，那些研究起来更安全的细菌。感冒病毒如何呢？也许它能让你变得更爱社交从而得以传播。为什么不让人们接触轻微的感冒病毒呢？但是她们再次因为这个计划太过冒险而否定了它。

然后，穆尔有了一个主意。[2]“医生总是将流感传给人们。”穆尔说。她的意思是医生会给人们注射流感疫苗，而疫苗拥有与活性病毒除了危险的传染性成分之外所有相同的分子。穆尔认为，疫苗中失活的流感病毒与它未被驯服的“双胞胎”一样，可以在人类宿主中诱发相同的行为变化。她们都同意追踪人们在接种疫苗前后的社交习惯，可能是一种证明寄生生物操纵人类的相对容易又合乎伦理的方式，这样便克服了人们对弗莱格人类研究的主要批评——有相关性并不代表能构成因果关系。

演讲结束后，穆尔和瑞柏开始认真地研究该如何开展实验。她们钻研了医学文献后发现，流感病毒在感染一个人两到三天后，症状还没有出现的时候，传播性最强。确实，病毒的传播性在那短短的时间窗口内达到了顶峰。换言之，如果你参加了一个派对，第二天早上醒来的时候发现自己喉咙痛、流鼻涕，可不要以为这是昨天晚上和你拥抱或握手的人传染给你的。现实很可能恰恰相反：你传染了他们。

一旦开始咳嗽和流鼻涕，你可能会卧床休息，减少病原体接触到其他人的机会。那时，你的免疫系统将会高效运转，抑制病毒扩张的野心。综上所述，穆尔和瑞柏预测，在感染早期，病症还未显露并引发防御细胞的反抗之前，病毒会促使人们寻找他人的陪伴。

她们一提出假设，便决定明智地开展一次试点实验，看看这个想法是否有价值。研究团队跟踪了 36 个人，研究这些受试者在宾汉姆顿校园诊所注射流感疫苗前后的社交互动，受试者中没有人知道这项研究的目的。[3] 受试者行为的变化很巨大，显著程度甚至让瑞柏和穆尔都感到惊讶。接种疫苗后的三天正好是病毒最具传染性的时候，受试者互动的人数比疫苗接种前多了两倍。"社交生活十分有限或简单的人忽然决定要去酒吧，参加聚会，或者邀请一群人过来，"瑞柏说，"这发生在许多受试者身上，而不仅仅是一两个个案。"[4]

不幸的是，正如早期许多获得惊人发现的科学家一样，她们缺乏进行更大规模实验的资金，而这个大型实验中还应该包括一个注射了无效疫苗的对照组。在开展对照实验之前，她们都不能排除这个显著实验结果的另一种可能性。因为正如穆尔所说，接种了疫苗的人进行更多社交的原因是他们认为自己“百病不侵”，也就是说对感染免疫。

引发性传播疾病的病原体会激起人类性欲的想法也没有得到证实，但是瑞柏和穆尔并不是唯一持有这种怀疑态度的人。哥伦比亚病毒学家伊恩·利普金（Ian Lipkin）在由芝加哥大学出版社资助、旨在促进科学界先锋思想交流的博客里写道：“虽然我没有实验证据，但是当单纯疱疹病毒感染骶神经节（脊柱末端的神经）时，它可能会有意无意地刺激骨盆区域的神经末梢，从而促进性活动，增加它进入另一个宿主的可能性。”[5]

在与我最近的一次谈话中，瑞柏推测，当疱疹病毒从休眠状态中醒来引发生殖器疱疹时，它可能不仅仅会提升某人的性欲。作为其繁殖策略的一部分，病毒也可能会激发男女与不同伴侣发生性关系的欲望。[6]瑞柏和利普金一样没有支持这一观点的数据，但是考虑到操纵性寄生生物所展现出的惊人、广泛的才能，她认为这个假设值得思考。

蒙彼利埃大学的弗雷德里克·托马斯提出了另一种可能性：“寄生生物不需要增强你的（性）冲动，因为大多数动物的性冲动已经足够了，它们只要一有机会就会采取行动。问题在于如何在传染性最强时增强个体的吸引力。”[7]按照他的说法，有证据表明，女性在临近月经周期的生育期，声音变得更有活力、轻快，还带有轻微的喘息。这让她们看上去更兴奋，在交谈中更投入，这对异性而言是一种挑逗。“寄生生物如果能产生同样的作用，我一点儿都不惊讶。”

奇怪的是，狂犬病毒，一种传统上不被认为是性病的病原体，却会突然间引发性欲。对性的渴望、冲动和性愉悦的急剧升高并非典型的人类疾病症状，但是上述案例也有充分的记录。[8] 数世纪以前，法国人将女性失控的欲望称为“爱的狂犬病”和“愤怒的子宫”。[9] 男性则可能每小时都经历长时间的勃起与射精，时而伴有高潮。[10] 这种症状非常强烈，在古代就有记录了。公元 2 世纪的希腊医师盖伦（Galen）讲述了一个患有狂犬病的搬运工在三天内多次不自觉射精的现象。当然，患有狂犬病的动物无法告诉我们它们的感觉，但是长时间勃起也是狗得了狂犬病的一个迹象，这些狗可能会疯狂地拱它们旁边的东西。[11]

如果不提狂犬病的问题，对神经寄生虫学的讨论就不完整。因此，让我们来更仔细地看看狂犬病毒到底做了些什么。这种由咬伤传播的感染时不时让下半身变得蠢蠢欲动，这一事实无疑让狂犬病研究极具吸引力。但这种疾病值得我们关注还有一个更紧迫的原因：尽管有幸生活在医疗保健服务良好的社会中的人，总认为狂犬病是旧时代的苦难，但在非洲、亚洲和其他一些地区，这种疾病仍然广泛流行。[12]

了解了狂犬病肆虐的背景后，你会深深地感激每一位致力于预防狂犬病的研究者做出的努力，这可以一直追溯到路易斯·巴斯德，他于 1885 年从患狂犬病的狗的犬牙中采集唾液研制出了第一例疫苗。[13] 在此之前，治疗这种可怕感染的唯一方法是烧灼动物咬伤的部位，或将受伤的脚、手等肢体截肢。由于该病原体作用的机制缓慢，这种激烈的措施时常奏效。狂犬病毒不像其他病毒的作用机制那样穿刺侵入皮肤然后渗透到血液中，相反，它沿着神经纤维以每天几英寸的速度缓慢移动，大约两到四周后到达大脑。然而，令科学家困惑的是，潜伏期在某些情况下可能长达数月、一年甚至更长时间。[14]

对大多数人而言，最开始的症状是类似流感的不适，这表明感染已经到达了大脑。简而言之，病毒会侵入大脑边缘系统，这个神经中心负责控制攻击、性、饥饿和口渴等基本冲动。受害者这时可能会感到强烈的性冲动。病毒的疯狂复制会导致神经通路异常，光、噪音、气味或最轻微的接触——甚至一阵微风——都会引发强烈的骚动。这种被称为“感觉过敏”的现象出现在狗、浣熊、蝙蝠和狐狸等常见宿主中可能自有其原因：变得激动的动物很容易被激怒进而咬东西。狂犬病毒还会麻痹喉咙里的肌肉。被感染的人在痛得大叫的时候会发出沙哑的气声，有时候听起来就像狗叫。吞咽变得越来越困难，这让富含传染因子的唾液在口腔中累积并起泡。唾液溢出双唇，口水长流。人类受害者通常会在此时患上恐水症，字面意思就是“对水恐惧”。然而，恐惧不足以描述水给受害者带来的折磨，因为该病毒会让咽肌痉挛，引发剧烈疼痛，所以患者只要看到任何玻璃杯里的液体或盆里的水花都会产生呕吐反应。

随着疾病发展到“狂暴”阶段，受害者可能会因为面部肌肉不自觉痉挛而呈现出威胁性的表情。

不同于患有狂犬病的动物，人很少咬人，但患者可能会忽然大怒。患者在这个阶段出现可怕的幻觉也并非罕见。患者通常在严重症状出现几天后死亡，一般是窒息或心脏骤停导致的。

不过，狂犬病发作并非总是要经历这样戏剧性的过程。令人费解的是，三分之一的病例只会出现麻痹的症状。麻痹从咬伤部位开始逐渐扩散到全身，最终导致患者昏迷和死亡。这条通往坟墓的道路没那么惨烈，更缓慢一些，但它的缺点是患者要经历更漫长的折磨。

尽管这些症状令人不安，但更可怕的是这种病原体不用把宿主变成凶残的野兽就能传播出去。在被感染的动物变得行为反常之前，唾液中的病毒就达到了高浓度，当该动物舔另一个动物身体的某些部位（尤其是眼睛、唇部、口腔、鼻孔、乳头、肛门和生殖器周围光滑的粉色黏膜）时，病毒就会扩散。“这种病毒可以通过正常的哺乳动物行为传播，”狂犬病专家查尔斯·鲁普切特（Charles Rupprecht）说，“我们有社会性。我们喜欢舔舐、吸吮、啮咬。吸吮是母子纽带的一部分。大多数哺乳动物都经常舔舐和嗅闻生殖器。狗就总是这样做。小狗会跳起来并亲昵地咬一下，这是因为它们想要妈妈喂食。在交配过程中，雄性会轻咬雌性的后颈来征服对方。我们都十分关注病毒在我们身上所起的特殊作用，但总的来说，这些作用对病毒的传播无关紧要。”

幸运的是，我们不像其他哺乳动物那样容易感染病毒。病毒在人与人之间传播（例如通过接吻或轻咬）的可能性很小。少数报道的病例也属传闻，而且都来自贫困国家，那里的卫生人员缺乏预防狂犬病的资源，更别说开展严谨的流行病学研究来确定这种说法的真实性了。尽管如此，鲁普切特坚持认为，任何与狂犬病患者发生过性关系，甚至与他共享过一支香烟或饮料的人都应该接受预防性治疗，通常需要在其手臂上连续注射四次，与传言不同，这并不会比打普通流感疫苗更痛。“根据我们对这种疾病病理生理学的了解，人们因为接吻被传染上狂犬病是有可能的，”鲁普切特强调。此外，由于性欲的急剧上升是感染的早期症状，因此狂犬病患者在被确诊之前可能就会在无意中传播病毒。

例如，一个印度的案例[15]中，一位28岁的已婚女子忽然频繁地渴望性，性成了婚姻压力的来源。她只得去咨询妇科医生和另一名医师，最终还进了急诊室。在那里她出现了恐水症，这让照顾她的医生立刻怀疑她患上了狂犬病。当医生询问时，她回忆起自己在两个月前被一只小狗咬了一口，咬伤在当时看起来无关紧要。第二天她死在了急诊室里，但她的丈夫因为接种了疫苗而没有患上狂犬病。“一毫升唾液中可能有超过一百万个病毒粒子，”鲁普切特说，“这种疾病拥有致死率最高的传染性病原体，谁会冒这个风险？你一旦得了狂犬病，我没法给你治疗。”

总之，狂犬病毒传播的方法似乎是从根本上重创大脑，导致众多通路同时失控。它引发的一些症状，例如恐水症，似乎与它的传播无关，不过增强性欲（至少对动物而言）可能产生一定的用处。当然，狂犬病毒通过引发愤怒和“感觉过敏”来刺激动物撕咬，让动物的神经对最微小的感觉做出反应，这是它溜到另一个宿主身上最有效的方法。尽管如此，狂犬病可以在症状出现前通过正常性关系中的亲昵舔吻或轻咬颈部而得到传播，这个事实表明，发病的狂暴阶段其实是一种保险措施，是寄生生物寻找新宿主的备用计划，以防它无法通过普通的方式四处传播。

这是人们对狂犬病的现代认知。更早些时候，还没有人了解这种病毒及传播机制时，这种疾病无疑被视为了一种有传染性的疯症。一头野兽咬了你，它的灵魂通过伤口进入你的身体，你被它控制也变成了一头野兽。你口吐白沫，怒气冲天，甚至可能在神志不清的时候咬人。你像狗一样吠叫，还表现出不受控制的性欲。暴力、性、血与脓，这种邪恶可以传播并且拥有自己的生命。

如果以上描述听起来很熟悉，那是因为我们几乎可以肯定，狂犬病为吸血鬼的传说提供了基础。在许多这样的传说中，尤其是 18 世纪上半叶起源于东欧的故事版本，吸血鬼是指那些夜里活动的人（有时还包括死者），他们常常化身为狗或狼侵犯邻居——啖其肉，饮其血或是犯下强暴等其他令人发指的罪行。事实上，对生活在那个时代的人而言，这些可不仅仅是故事，这些被当成事实，任何被指控具有这种野蛮力量的人都可能被绞死或处以火刑。德拉库拉伯爵（Count Dracula）就是由布拉姆·斯托克（Bram Stoker）于 1897 年以这些古老的记载为基础创作出来的。众所周知，斯托克笔下的恶人变身成了蝙蝠。这些超自然的形态像患了狂犬病的动物那样凶残和性欲亢进，并披着狂犬病最常见宿主的外衣；还有吸血鬼像病毒那样可以通过咬一口传播。如此种种当然都不是巧合。二者的相似之处也不仅止于此。1998 年，西班牙医生胡安·高迈兹-艾伦索（Juan Gómez-Alonso）发表在《神经病学》

（*Neurology*）上的一篇文章中，指出了吸血鬼和患狂犬病的动物之间那些不太明显的相似之处。根据民间传说，吸血鬼的寿命只有 40 天，这与被患狂犬病的动物咬伤后的受害者的平均寿命一致。就像患有狂犬病的人一样，吸血鬼会被以下情况驱退：光线（因此他们有夜间活动的习惯）、强烈的气味（根据民间传说，大蒜的气味可以驱散他们），还有水（有建议称把水倒在坟墓周围可以将吸血鬼困在地底）。[16]

我们已经探讨了寄生性操纵者可能会利用我们的社会性和性欲。现在让我们来看看一种用非常不同的方式威胁我们头脑的寄生生物。无论从哪方面看，它都不像狂犬病那么显眼和可怕。但事实上，正是它的隐秘性让科学家们感到担心。他们担心该种寄生生物可能会悄悄侵蚀受感染者的智力。它也可以通过我们心爱的宠物传播给我们。

这种寄生生物就是弓首蛔虫。对我们这些爱狗、爱猫或者两者都爱的人来说，弓首蛔虫可以被视作弓形虫的邪恶双胞胎。弓首蛔虫是一种长约 6 英寸的寄生虫，分为两种，犬弓首蛔虫和猫弓首蛔虫。顾名思义，这种寄生虫分别感染狗和猫。弓首蛔虫可能给我们带来精神问题的一条有力证据是，它的幼虫可能会寄居在人脑中。至少已有证据表明犬弓首蛔虫可以做到这一点。[17] 人们对猫弓首蛔虫这一物种知之甚少，它对大脑也许没有那么强的亲和力。据估计，北美和欧洲有10%–30%的人感染了弓首蛔虫的幼虫,而在一些贫穷国家该比例高达40%。你可能会认为，有这样的数据，医学文献里肯定充斥着研究弓首蛔虫对人类身心健康影响的论文，但是在美国疾病控制和预防中心公布的五大被忽视的寄生虫病的清单中，弓首蛔虫却榜上有名，专家们通常用“神秘莫测”等词语来描述它。弓首蛔虫为什么备受冷落？几十年前，它从医生们的“探测雷达”中消失了，因为它与弓形虫不同，其感染不太可能引发严重的疾病。

相比之下，寄生虫学家长期以来对弓首蛔虫都保持着关注。爱尔兰都柏林圣三一大学的西莉亚·霍兰（Celia Holland）是这种病原体的主要研究者，她担心弓首蛔虫会导致细微的认知缺陷，它造成的后果长期以来都被忽视了。

相比起“弓首蛔虫”的称呼，宠物的主人们更常说“蛔虫”。它们是猫和狗偶尔咳出来的淡黄色蠕动细条，有时也会与成千上万寄生虫微小的卵一同随猫狗粪便排出。当寄生虫的卵被另一只狗或猫吃掉时，它们会发育成迅速移动的幼虫，入侵动物许多不同的器官。那些到达肠道的幼虫化为成虫并开始排卵，重复整个循环。这种感染也能传给动物的下一代，因为当雌性动物怀孕时那些留在其他组织中的幼虫会被激活。这时，它们可能会穿过胎盘或进入乳汁，侵入雌性动物的子宫。

蛔虫传播给其他宿主的方式与弓形虫非常类似。蛔虫的卵可能会被老鼠、兔子、鼹鼠、鸟类和其他小动物吃掉，而这些小动物随后可能会引发犬科或猫科动物的食欲，这为寄生虫返回位于宠物肠道内的产卵场所提供了另一个途径。家畜也可能吞下寄生虫的卵，因此人们可能会因为吃了没煮熟的肉而接触到幼虫。不过，我们接触到寄生虫最常见的方式是不卫生的环境。最容易因此而受到感染的是在被猫粪或狗粪污染的泥土和沙坑里玩耍的幼儿。

当弓首蛔虫的卵在人体内孵化成幼虫时，它们不会长成成虫，这一过程只能在犬科或猫科宿主体内发生。在人体内，寄生虫发育到高度活跃的幼虫阶段即保持停滞，这使得幼虫可以离开肠道，游走到肝脏、肺、眼睛等器官，偶尔还能到达大脑——不过由于缺乏研究，没人知道这种情况有多频繁。失明、癫痫和其他严重的神经性病症作为感染的并发症十分罕见，这与该寄生虫无害的名声相符。但早在 20 世纪 80 年代，医学文献中就开始有线索表明，它可能会以更迂回的方式造成破坏。

在霍兰和爱尔兰医生默文 · 泰勒（Mervyn Taylor）开展的早期研究[18]中，200 名弓首蛔虫检测呈阳性的儿童按照其抗体水平（衡量感染严重程度的指标）被分为三组。

行为障碍、头痛、睡眠困扰，还有从哮喘到胃痛等 20 种其他身体症状的增加都与儿童的抗体水平成正比。其他小规模的研究，包括两项在美国开展的研究，比较了受感染儿童和未受感染儿童的认知能力。报告称受感染的儿童测试结果更糟糕，例如学习成绩较差、出现多动症症状和注意力容易分散。一项在法国开展的流行病学调查——这是霍兰唯一知道的针对老年群体的调查——将感染与老年痴呆症患病风险联系了起来。

所有这些研究都只有数百名研究对象，因此我们不可能从中得出确切的结论。此外，弓首蛔虫对贫困人群的影响更大，所以社会经济因素也混淆了人们对这些证据的解释。简而言之，这少量的数据虽然令人担忧，但几乎没有说服力。

然而，一项发表于 2012 年的研究严格控制了这些令人混淆的变量，而且也证实了霍兰的怀疑。[19] 这份发表在《国际寄生虫学杂志》(*International Journal for Parasitology*)上的报告以对美国疾病预防控制中心收集的大量流行病学数据的分析为基础。

该研究的作者使用了一套心理测试来评估一个具有全国代表性样本的认知水平，该样本包括近 4 000 名 6—16 岁的青少年，其中大约一半人的弓首蛔虫检测呈阳性。受感染组与年龄匹配的对照组比较，相比之下受感染儿童在数学能力、阅读理解、口头数字记忆、视觉空间推理和智商等各方面的得分都明显较低。

让霍兰印象深刻的是，即使在研究人员控制了社会经济地位、教育程度、种族、性别以及最重要的血铅水平等变量之后，该研究的结果仍然站得住脚。众所周知，血铅对神经系统的有害影响会降低儿童在学校的表现。

调查还显示，弓首蛔虫带来的伤害在各族裔群体中的分布很不平均。23% 的非裔美国儿童受到感染，相比之下，墨西哥裔美国人和白人的感染率分别为 13% 和 11%。这意味着弱势的少数群体在学校的表现更差不仅仅是因为营养不良和教育水平低下等众所周知的因素，也可能是因为他们头脑中的寄生虫——至少这项研究的主要作者迈克尔·沃尔什（Michael Walsh），这位布鲁克林纽约州立大学的流行病学家是这么认为的。

沃尔什和霍兰一样，因为弓首蛔虫感染为人们所忽视而被吸引到这项研究上来。[20]“那些上头条的寄生虫，”沃尔什说，“通常都是大型杀手或者看起来很恶心，可以拍出轰动性的照片。”没有人会太注意那些行动缓慢又隐秘，造成的症状又不太明显的寄生虫。这些传染因子可能不会导致残疾或死亡，但它们通常会将自己的恶行隐藏起来从而伤害更多的人。如果它们的目标是那些难以获得医疗保障的贫困人群，它们的罪行就不容易被发现。

弓首蛔虫与贫困的联系是多层面的。当儿童无人照管时，他们将脏东西放入嘴里的风险会增加。这种情况在低收入家庭中更为常见，对这些家庭来说儿童保育服务与奢侈品无异。找兽医为宠物除虫对那些经费紧张的人而言也过于昂贵了。更糟糕的是,破败城区内的操场和绿地很少，这些地方很容易被狗粪严重污染，粪便中充满了寄生虫的卵。

贫穷的农村地区也会受到感染的影响。流浪狗和流浪猫很容易感染上蛔虫，它们住在经常喂养它们的人附近，因此这些地区也可能是弓首蛔虫卵的主要藏匿之处。

沃尔什和霍兰都没有将自己的发现说得很绝对。沃尔什解释道："我们才刚意识到这样一个事实，弓首蛔虫也许并不是一种良性寄生虫。我们的处境与几十年前探究铅对认知能力伤害的研究人员非常类似。"铅曾经是油漆的一种常见成分，它对健康的危害是长期潜在的。然而，多年来医生们忽视了儿童摄入油漆碎屑或吸入油漆老化后因风化和开裂而脱落的粉状残留物所面临的威胁。这种危害远非微不足道。即使儿童摄入铅的剂量很低也可能延缓他们的认知发展并降低智商。

现在说弓首蛔虫是否对智力造成了类似的伤害还为时尚早。沃尔什说："现阶段，我们只研究了发生在这 4 000 名儿童中的普遍情况。"他认为某些儿童的免疫系统可能能够消除感染的影响，或者能防止幼虫在大脑中扩散。对另一些孩子而言，他们的免疫系统可能发挥不了作用，或者他们在户外玩耍时曾多次接触到寄生虫的卵。沃尔什说这些孩子体内的弓首蛔虫可能会大大抑制他们的认知发展。

与没有被寄生虫卵感染的老鼠相比，被感染的老鼠在学习新任务时常常遇到困难，这与对儿童研究的结果相似。例如，霍兰发现，老鼠去一个藏在迷宫里的水瓶中喝水的频率变少了，之前老鼠曾走过这个迷宫，这表明它们的记忆受到了损伤。[21]而且它们明显很渴，因为它们只要一回到笼子里就迫不及待地去喝水。尽管受感染的动物与对照组一样活跃，但它们看上去却没有那么强烈的好奇心。受感染的老鼠对新奇的刺激或探索周围环境不太感兴趣，而这本是动物要在野外生存的基本特征。

霍兰受到乔安妮·韦伯斯特著名的“致命的猫吸引力”实验的启发，也开展了一些实验来评估受到弓首蛔虫感染的动物在极易被捕食的情况下会如何反应。例如，把老鼠放在有猫的气味或光线明亮的地方。她得到的结果很模糊，不像韦伯斯特的弓形虫研究发现那样一目了然。检查受感染老鼠的脑组织可以获得更多的见解。动物的免疫系统在攻击蛔虫幼虫的过程中似乎会破坏其周围的组织，霍兰怀疑这种自我伤害可能是受感染动物记忆受损的原因。

但也有迹象表明，寄生虫的幼虫可能会做出某种操纵者标志性的小恶行：幼虫会在老鼠大脑的白质中聚集，尤其是在与学习和记忆有关的两个区域。这表明寄生虫对这些大脑区域的干扰对其自身有益，并且这也和受感染老鼠记忆力受损，没兴趣探索外界从而对周围环境的熟悉程度降低的观察结果非常吻合。霍兰说："寄生虫都想要进入最终宿主，你可以说它们在老鼠身上的某些影响肯定会使老鼠更容易被狗或猫捕食。"

也许解决争论的最好方法是宣布它的前提本就是荒谬的。先驱贾妮丝·穆尔提醒过我们，寄生虫诱发的宿主行为可能是病理和操纵的结果，因此这两者根本就难分彼此。

无论这个问题该如何解决，我们显然需要更多针对人类的研究才能确定寄生虫侵入神经组织的频率和潜在风险。尤其是儿童，他们快速发育的大脑更容易受到环境的伤害。可惜目前还没有安全有效的方法来检测大脑中的蛔虫幼虫。我们的确可以通过 CT 扫描看到幼虫，但是这会让儿童暴露在有害的高辐射之下。核磁共振成像扫描可以解决这个问题，但是这种诊断方法在识别幼虫方面远没有那么准确。事实上，我们甚至很难通过尸检来分离它们，而这正是霍兰在动物研究中使用的方法。她通常要在每只老鼠大脑上花费一个小时或更长时间，这个大脑还只是核桃大小而不是重三磅的人脑。

尽管有这样的限制，霍兰和沃尔什都认为，扎实的研究可以让人们更好地关注感染的潜在风险。沃尔什提出了一个策略：对没有被寄生虫感染的庞大儿童群体做一个基础解读，然后跟踪他们接下来几年的发展。[22] 当一些人被感染后，他会观察他们的精神能力与感染前的评估相比是否有所下降，并将他们与没有被寄生虫感染的年轻人比较。

与此同时，沃尔什已经开始考虑该如何遏制寄生虫在纽约地区的传播。如果成功，这可能会成为其他社群的一个典范。他的首要任务是确定感染源在哪里。为此，他希望与纽约市的健康和心理卫生部门联手开展一项繁重又散发着难闻气味的任务：按照街区对纽约市五个区的狗粪进行大规模调查。一旦确定了有问题的社区，他们就对这些社区进行干预，例如鼓励宠物主人在他们的狗身后清扫粪便时更加仔细些，告诉他们为宠物驱虫的重要性。如果有证据指向寄生虫，他们甚至还有可能为宠物主人补贴治疗的费用。驱虫药就是治疗弓首蛔虫的除虫药物。药片非常便宜，如果每年将药片掺在狗粮里喂给狗吃，通常可以防止狗被感染。医疗卫生官员为了让宠物主人配合这种治疗方案，想到的一个办法是在药店里提供这种药物，至少出于预防性用途，从而省去人们看兽医带来的额外费用和不便。当然，如果“胡萝卜”不起作用，“大棒”也总是有的——对违规者处以严厉的罚款。为了抓到违反“扫便便法”的人，环卫工人可能会被招募成为街上的眼线。沃尔什甚至在考虑利用社交媒体让当地居民参与邻里巡逻。

他对清除所有狗身上寄生虫的热情源于一个严酷的现实：寄生虫对人造成的伤害可能无法通过治疗而逆转，阻止它造成进一步伤害只能靠运气。

还有什么寄生生物可能会玩弄我们的头脑呢？

寄居在人类身上的寄生生物超过 1 400 种，[23] 这只是我们目前已知的数量，还有数不清的未知事物有待人们发现。我们不知道到底还有多少已经被命名或有待被命名的操纵者。

尽管这种想法令人不安，但我们不应该对未知事物有过多的消极解读。迅速积累的研究表明，成群结队的微小操纵者是我们体内的日常居民，它们之中并不是所有的都希望我们生病。事实上，有些寄生生物，更恰当地说是共生体，能够令我们精神振奋并带来其他益处。我们的感受和行为对它们而言很重要。毕竟，它们与我们的生存息息相关。

Chapter

< 6 >

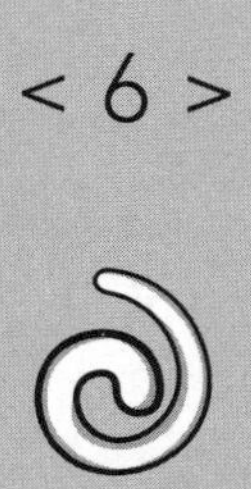

第六章　遇事不决，肠道直觉

你会去蹦极吗？会和陌生人搭讪吗？会一口气吃下整块馅饼吗？虽然这听起来很奇怪，但你的肠道细菌可能正在影响你对这些问题以及许多其他事情的选择和习惯。

我们称赞大脑是人类的智慧所在，但是越来越多的证据表明，我们的行为不仅受到自上而下的管控，还有由下而上的。据我们所知，寄居在人体生殖道和鼻腔里的微生物对我们的行为和行动可能也有发言权。

对人类菌群（所有以人体为居所的微小生物）的研究，就像任何科研中的前沿领域一样原始而不受约束。这些"租客"对大脑的影响可能是它们最不为人们所了解的作用了。大多数微生物都很适应我们体内的生活，这让科学家难以诱使它们在培养皿中生长。研究人员直到最近才具备了估计它们数量的技术，更别说精确地描述它们的所作所为。

2005 年，借助能够区分不同生物基因指纹的超快速基因测序机器，我们得以对人体内的微生物"租客"开展首次大规模普查。[1] 该项目由一个国际科学家团体牵头，最初侧重于了解寄居在健康人体中微生物的特征。患有痤疮、蛀牙或更严重疾病的人被排除在调查之外。研究人员对经过筛选的受试人群进行研究，从受试者的粪便、腋窝、耳后、喉部后侧、脚趾之间、阴道内壁，以及其他所有探针能够触及的边边角角中取样。然后，他们开始培养取得的微生物并逐段分析它们的遗传物质。电脑根据输出的结果计算微生物群落——病毒、细菌、真菌、原生动物和居住在每个人身上的其他生物——的规模。最终结果显示，有机体的总数超过了 100 万亿，比人体的细胞数量高出了 10 倍。来源于微生物的遗传物质数量，比我们自己的遗传物质多 150 倍。[2] 直白地说就是你体内 90% 的组成都不是你。

当我们还在母亲子宫里的时候，有些微生物就穿过胎盘在我们体内寄居了下来。[3] 但是“殖民”的巅峰发生在我们出生时。[4] 母亲的羊水破裂后，阴道内壁的微生物会随着肌肉的每次收缩而蹦到婴儿身上。从那一刻起，我们每个人都成了吸引微生物的“磁石”。它们来自为我们接生的医生，我们的襁褓，我们的第一个奶嘴，以及我们周围的空气。它们入侵我们身体的每一个缝隙，尤其是肠道，其中丰富的营养吸引着它们。在婴儿刚出生的两年里，体内的微生物群体会产生剧烈的变化，而且在不同婴儿之间有很高的特异性。但是当婴儿过渡到食用固体食物时，微生物群体就会稳定下来。儿童和成年人体内通常寄居了大约几千种微生物，没有两个人体内的微生物组成完全相同。你身体里的微生物群体和你的指纹一样独特。

我们的微生物细胞，或者说我们自己——因为每个人实际上都是超有机体——难以被简单分类。该普查显示，许多被标记为病原体的菌株其实一直居住在我们体内，它们只在我们处于疲惫或异常等有利于其生长的情况时才会引起麻烦。同一种细菌根据不断变化的环境，可能是帮手（互利共生体）、无害的食客（偏利共生体）或有害者（寄生物）。[5]

寄居在肠道中的微生物会从你吃的每顿饭中分得一杯羹，但作为回报，它们能促进消化、帮助合成维生素和消除你摄入的危险细菌。[6]它们还能产生几乎所有调节我们情绪的主要神经递质，特别是 γ-氨基丁酸、多巴胺、血清素、乙酰胆碱和去甲肾上腺素，以及具有精神活性的激素。[7]科学家现在怀疑肠道微生物会不同程度地影响你的快乐和悲伤，焦虑和平静，精力充沛和惫懒迟钝。[8]并且，微生物能发送信号告诉大脑你已经吃饱了，它们甚至可以通过这样做来影响你的胖瘦。

科学家仍在试图弄清楚肠道细菌具体是如何将信息传递到远处头部的，不过他们已经有了一些想法。

他们认为肠道细菌产生的一些精神活性化合物可以被

肠神经系统检测到。[9]肠神经系统是贯穿整个肠道的大量神经元，该网络拥有的神经元比脊髓还多，因此得名“第二大脑”。肠神经系统通过迷走神经与上面的大脑相连，这就是肠道细菌发声的主要通路。事实上，该线路所传输的 90% 的信息都是由内脏传到大脑，而不是像科学家多年来假设的那样，从大脑传到内脏。

肠道细菌在分解食物的过程中也会产生具有神经活性的代谢物，这些代谢物可以刺激同样的神经通路或者通过血流输送到大脑。[10]

肠道细菌还可能参与免疫系统的活动，这会让我们的情绪低落，能量水平降低，这是另一种微生物群落改变我们行为的途径。或许，一个与该观察结果相关的现象是抑郁症患者的某些肠道细菌数量往往高得反常，而且也更可能出现炎症的生物标志物升高的现象，这是一种免疫介导的反应。[11]

有趣的是，某些胃肠疾病（特别是溃疡性结肠炎和克罗恩病*）的特征都是肠道菌群紊乱。这些疾病与伤害其他身体部位的严重疾病相比，出现并发精神问题的概率异常高。事实上，50%–80% 的这种疾病的患者都有临床抑郁症。[12]

---

* 克罗恩病，一种发炎性肠道疾病，症状通常包括腹痛、腹泻、发烧和体重减轻。

更令人惊讶的是，人类微生物群落特定的异常组成与泛自闭症障碍有关。[13]泛自闭症障碍的特征是焦虑、抑郁与社交障碍。与自闭症儿童有许多相似行为的老鼠，其肠道菌群也产生了类似的变化。[14]当健康的细菌被引入老鼠肠道时，它们的行为基本正常化了。这一发现加大了人们开发以微生物为基础的自闭症疗法的希望，尽管科学家还远远未能将其转化为临床治疗。

显然，肠道中发生了许多事情。它的微生物群落，加上免疫细胞和“第二大脑”，共同构成了一个复杂多样的生态系统。你可以说我们每个人体内都生长着一座雨林。因此，标准的操纵模式可能并不适用于理解肠道细菌对彼此或对我们产生的作用，也难以解释其为何让所有人都捉摸不透。不过，动物的行为显然会随着肠道菌群的组成变化而发生显著变化。

最显著的证据来自无菌小鼠，即在无菌条件下专门饲养的没有肠道微生物的小鼠。[15]肠道菌群完好的正常、健康的老鼠行动迅速，学习积极。给它一件新事物，如餐巾环，老鼠会充满兴趣地绕着圈嗅它。如果将老鼠放在迷宫里，它会渴望探索新的通道。无菌小鼠则没有表现出这种天生的好奇心。它们似乎不记得最近探索过的事物和地方，因为它们更喜欢熟悉的而不是新鲜的、刺激的或不一样的东西。这些小鼠也出奇的无所畏惧。它们会大着胆子冒险去那些菌群正常的老鼠不会去的地方。明亮的灯光和开阔的空间对普通老鼠而言无异于危险的警告，但却一点儿也吓不倒无菌小鼠。事实上，它们没有焦虑感，即便从出生时就与母亲每天分开三个小时，它们也没有表现出任何痛苦的迹象，而这种创伤在普通老鼠身上通常会导致终身的不安全感和社会适应不良。此外，无菌小鼠在围栏里会比那些有正常菌群的老鼠跑动得更频繁。[16] 如果将健康的肠道菌群转移到无菌小鼠体内，就能让它们的许多行为变得正常，这与之前有自闭症特征的老鼠的案例一样。[17] 例如，这些小鼠会变得更加谨慎而且不会那么活跃，但这只会对出生四周内进行肠道菌群移植的小鼠生效。如果在那之后进行移植就不会产生效果，这表明生命开端初期的微生物群塑造了大脑的连接。事实上，瑞典卡罗林斯卡研究所开展的研究表明，生命早期接触的肠道菌群会显著地影响数百个基因的表达，其中许多基因都与大脑中化学信息的传递有关。

肠道细菌甚至可能会影响性格。开展母鼠隔离实验的同一个团队——斯蒂芬·M. 柯林斯（Stephen M. Collins）、普里墨赛·贝切克（Premysl Bercik）和加拿大安大略省麦克马斯特大学的同事，利用两种性情截然不同的老鼠进行近亲交配，探索了这种可能性。[18] 一种老鼠异常冷静，它们不乐意与同伴交往；另一种老鼠表现出与此相反的特征，它们高度紧张、好斗和乐于社交。这两种老鼠体内的菌群也有所不同，所以研究人员决定探究如果他们将一种老鼠的肠道菌群移植到另一种老鼠体内会发生什么。研究的结果基本上呈现为：老鼠出现了性格互换。冷静的老鼠变得更加外向和容易激动；好斗的老鼠安静了下来，变得不太善于交际。换言之，每组老鼠的性格都变得更像捐出菌株那个品种老鼠的性格。改变发生的同时，加拿大的研究小组还在老鼠大脑中负责调节情绪的部位检测到了神经化学物质脑源性生长因子的增加。

将整个菌群生态系统移植到老鼠体内并不是研究微生物群落和头脑之间联系的唯一方法。一个热门的研究领域通过益生菌（例如酸奶中的有益细菌）来达到这个目的。这就是爱尔兰科克大学的神经科学家约翰·克莱恩（John Cryan）的研究领域。[19]20 世纪 90 年代初，还是一名博士生的克莱恩对心理神经免疫学非常着迷。这在当时是一个新兴领域，专门研究免疫系统和大脑之间如何进行交流。后来，他的兴趣转向了肠道，因为越来越多的研究表明，肠道在免疫系统和大脑之间的交流中可能处于核心地位。开始在科克的一所大学工作后，克莱恩的研究兴趣日益增加，因为他得以与现在被称作“APC 微生物研究所”的机构合作。这个研究中心位于科克，主要工作是了解肠道细菌对健康各方面的影响。克莱恩与研究所的精神病学家特德·迪南（Ted Dinan）进行了交流，之后两位科学家决定联手探索大脑和肠道之间的相互作用。

在一项早期实验中，他们将健康的幼年动物置于压力之下，这是让动物成年后变得焦虑的有效方法。实验发现，这些动物的肠道细菌与在更温和环境下长大的动物差异很大。克莱恩和迪南也对消化系统疾病和抑郁症之间的紧密联系十分感兴趣。此后随着他们想法的发展变化，克莱恩称，他们忽然意识到，"如果肠道问题可能导致不当的行为，是否也能引发一些与情感和学习有关的更好的行为呢"？这时，他们产生了对食用益生菌的老鼠开展行为测试的想法。（他们使用的乳酸菌培养物由一家补充剂制造商提供）

在一个实验中，受到饮食干预的老鼠和未经处理的对照组老鼠都被放在笼子里。它们反复受到足部电击，还伴有声音刺激。两组老鼠的反应是一样的：立即僵住——这是一种适应性反应。但是到了第二天，当研究人员只播放声音，借此来观察老鼠将声音与惩罚性刺激联系起来的能力时，那些服用了益生菌的老鼠比未服用益生菌的同类更容易僵住。"它们对惊讶的反应更好，"克莱恩说，"服用了益生菌的动物学习效率更高，学得更好。"

克莱恩、迪南和他们的同事还研究了服用益生菌的老鼠对一项测试的反应，该测试被医药行业广泛用于评估治疗焦虑和抑郁药物的有效性。这些动物被放在一个小水箱里，无法逃脱，不得不游泳。最终，惊慌失措的它们在绝望中屈服，动弹不得。未经处理的动物只游了两分钟就失去了求生的意愿。相比之下，测试前服下了益生菌的老鼠游动的时间要整整多出 40 秒。“我们真的被其巨大的影响震惊了，”克莱恩说，“它表现得好像已经接受了抗抑郁药物的治疗。”

因为一种叫作γ-氨基丁酸的神经递质在抑制身体对恐惧和绝望的反应中发挥着核心作用，研究人员观察了老鼠大脑中受这种化学物质影响最大的部位。他们发现，这些区域内发生了显著的变化。随后，他们切断了连接肠道和大脑的主要“高速公路”——迷走神经。结果令人震惊：服用了益生菌的老鼠与未经处理的老鼠一样，很快放弃了生存斗争。不仅如此，它们大脑中受γ-氨基丁酸影响最大的区域也不再表现出变化。“细菌以某种方式影响了迷走神经。”克莱恩说。迷走神经一旦被切断，“信号不能再由肠道传到大脑来改变其神经化学”。

如此戏剧性的发现通常会遭到质疑，但是，克莱恩在麦克马斯特大学的一位同事约翰·比嫩斯托克（John Bienenstock）成功地复制了这个结果，从而平息了科学界的怀疑。该发现也让一种针对严重又顽固的抑郁症的治疗方法变得清晰明了起来。这种方法通常有效，但却鲜为人知，它被称为“迷走神经刺激”。操作方式和它的名称完全一致，将微小的电极附着在患者颈部的神经上，当电极被电池激活时，患者的大脑将得到比平时更多的刺激，这通常会伴随着情绪的提升。“这完全是推测性的猜想。”克莱恩说。“但起到了迷走神经刺激器作用的细菌”，实际上是否具有类似这种治疗方法的效用呢？

最新发现提出了一个显而易见的问题：益生菌能帮助数百万因严重情绪障碍而精神萎靡的人吗？

目前，克莱恩的团队和欧洲及北美的其他研究团队都在开展临床实验，以检测针对那些焦虑、抑郁或躁郁症患者的治疗方法。[20] 实验结果还没有出来，但是一些研究表明，某些群体的精神疾病可能源于肠胃问题，这无疑是一个激励人心的消息。例如，在一项对 37 名功能性胃肠疾病（这是对肠易激综合征和其他常见胃病等不能与潜在的异常状况联系在一起的疾病总称）患者的研究中，益生菌疗法不仅改善了他们的症状，而且从患者的自我报告和唾液、尿液中的应激标志物测量结果来看，他们的抑郁和焦虑程度显著降低了。[21] 鉴于所有受试者在此之前都在多所医疗机构接受过治疗却没有成功，这一实验结果令人印象深刻。

有少量临床研究也表明，益生菌疗法可以缓解婴儿腹痛。[22] 20% 的新生儿和他们疲惫、睡眠不足的父母都受到这种病痛的折磨。在一项实验中，该方法减少了新生儿70% 的哭泣和吵闹。[23]

此外，证据表明，补充健康的细菌可能有助于增强高功能人群抵御日常压力的能力。例如，一项在法国对 55 名无心理疾病史的人开展的随机双盲实验*发现，定期食用益生菌可以降低受试者血液中应激激素的水平，以及他们对自己抑郁、焦虑程度和应对改进能力的评级，这一点在对照组中是看不到的。[24] 由于这项研究的规模较小，我们应该谨慎对待，不要对其过度推测。科学家们称赞这项研究主要是由于它为未来可能带来丰富成果的研究指明了道路。不过，该研究结果与一项首次将人类神经功能的变化与富含益生菌的饮食联系起来的大脑成像研究十分吻合。

该实验由加州大学洛杉矶分校的埃默兰·梅耶（Emeran Mayer）和克尔斯滕·蒂利希（Kirsten Tillisch）领导的医疗小组负责开展，参与实验的是 60 名健康且没有精神疾病的女性，她们被随机分为三组。[25] 第一组受试者每天服用两次含有益生菌的酸奶，持续四周的时间；第二组受试者每天服用两次未经发酵的乳制品，持续四周的时间；第三组受试者没有受到任何干预。所有女性在实验前后都接受了核磁共振扫描，对她们在情绪识别任务中的

---

* 双盲实验，指在实验过程中，测验者与被测验者均不知道被测验者在实验组还是对照组。旨在避免测验者与被测验者因主观意识影响实验结果。

大脑活动进行了检测：她们必须将面部表情的照片与诸如愤怒、恐惧或悲伤的情绪匹配起来。结果，服用了含有益生菌酸奶的女性与研究中的其他女性相比，在情绪、认知和感觉信息处理三个方面的大脑活动减弱了。

“我们解读实验结果时必须要小心谨慎。”[26] 该研究的资深作者梅耶告诉我。我当时正好在拜访他，他阳光明媚的办公室坐落于加州大学洛杉矶分校的一个大型综合医院里。在他看来，核磁共振扫描显示的变化表明饮食干预对大脑功能产生了积极的作用。“服用益生菌的女性对愤怒、恐惧和悲伤等负面情绪的反应较少。对负面情绪没有那么强烈的反应可能是有益的。许多敏感的人看到有人皱眉头都会感到非常紧张。”他还补充说：“如果我们在实验中使用愉快的面部表情，再看看结果如何应该会很有趣。”

梅耶在慕尼黑长大，他说英语时隐约带着一丝德国口音，这让他有一种欧洲人世故老练的气质。广泛的好奇心是他最突出的特点，他追求智识冒险并取得了多个学位。当梅耶还在医学院时，他和亚马孙的原住民亚诺玛米人共同生活了几个月，他很想研究这个群体体内的微生物群落。现在，他们的照片就挂在他办公室的墙上。梅耶在他的职业生涯中取得了一系列令人赞叹的成绩，他的专长包括胃肠病学、精神病学和生理学。在文氏图 * 中，益生菌

* 文氏图，用于表示事物间的逻辑联系。

恰好处于这几个学科交叉的位置。因此，至少对我而言，他关注这个问题是很自然的。但他并不这么看。

“大约七年前，我认为这一领域完全是虚假的，”他告诉我，“益生菌公司联系了我很多次，但我都拒绝了。不过他们最后说：你可以设计任何你想做的研究。我说我会做一个风险非常高的安慰剂对照研究，而且我认为实验不会产生任何结果。”

但是正如我们所见,实验结果并不像梅耶所想的那样。当梅耶谈到这个实验的时候，他似乎还在努力理解这一结果，就好像连他都不太相信自己的发现。梅耶之所以会这样想，原因是情绪识别任务是“我们大脑中非常稳固的通路”。就连猴子脑内也存在这样的通路。你对别人表情的反应“发生在几毫秒之内：他们生气了吗？我应该进入战斗模式吗？他们开心吗？如果这样，那我应该转变为亲和模式。如此稳固的机制可以通过服用四周的益生菌来调节，这令人十分惊讶”。

你可能觉得为实验提供细菌培养的公司会对这个结果感到满意，但是，“他们偏执地认为这会对销售产生负面影响。当人们意识到，哇，细菌会影响你的情绪状态或大脑时，他们不会再购买酸奶。”

梅耶和他的许多同事都希望减少自己对益生菌行业提供的研究经费的依赖。该行业不愿意公开研究数据，行业的参与也造成了这样一种认知（无论正确与否）：研究人员的发现可能因为经济利益而有所偏颇。

现在，这些科学家终于如愿以偿了，因为来自政府机构的资金已经开始涌入这个领域。这让研究人员有了研究途径，他们得以纯粹出于医学原因来开展调查，而并不只是因为研究结果可能有利于一些公司的营销活动。

克莱恩说，目前像酸奶这种食品中的益生菌是由公司根据消费者的口味偏好和其他商业因素的考量来选择的，所以试图使用它们达到治疗目的就像“去药店随机挑选药片,然后希望它们能给大脑带来有益的影响”[27]。这不是一个找到具有临床效用细菌的有效方法，因此现在许多研究人员采取了更有针对性的策略。他们筛选益生菌（包括市场上没有的菌株）以确定哪些益生菌能产生神经递质和其他精神活性化合物。如果研究人员找到了有希望的菌株，下一步就是将其喂给老鼠。如果之后的观察结果表明老鼠的焦虑行为减少，就可以继续进行人体实验。如果实验使用的是非商业菌株，那么以上过程会拖长很多，因为美国食品和药物管理局要求它们像新药一样要经过严格的审查。[28]另外，研究人员或许也可以完全不用细菌，而仅仅用它们产生的精神活性物质来制造药物。

其他科学家出于更好地了解个体差异的目的，对人们的肠道菌群进行了筛选。无论患者是否患有情绪障碍、胃肠道紊乱或两者兼而有之，这些知识对他们的定制化治疗可能都很重要。每个人的肠道菌群在组成上都是独特的，科学家发现不同种类的细菌容易在个体体内聚集，尽管它们各自的占比略有不同。研究人员将个体菌群比作花园。我们所有人的体内都有许多共同的细菌，科学家们称之为核心菌群。这些细菌含量通常是最丰富的。我们可以把它们想象成野花，比如蒲公英、罂粟和报春花。其余的微生物种类因人而异。进一步延伸花园的比喻，你可能拥有很多特定种类的花，比如金盏花，而其他人可能会更容易吸引紫色的石南花或水仙花。我们每个人体内都可能携带稀有的外来物种——可以类比为生长在巴布亚新几内亚高地的兰花。然而，即便是我们每个人所独有的微生物，都有一个重要的相似点：它们倾向于填补相似的生态位*，比如分解不同类型的蛋白质、纤维和脂肪。

饮食可能会对你体内有哪些微生物蓬勃生长产生影响，特别是你摄入卡路里的主要来源。生活在食物丰富又便宜地区的人们，他们典型的卡路里来源是脂肪。在农业社会中，人们的卡路里主要是从谷物和蔬菜中获取的。你体内可能也有许多和你母亲一样的菌种，这不仅仅是因为她的细菌是你身体里最早的“殖民者”。在决定我们的身体对不同微生物的友好程度上，我们的基因似乎发挥了作用。

---

* 生态位，一个物种所处的环境及其本身生活习性的总称。

一个人的大脑结构与他的肠道中最具优势的菌种类型有关，这是梅耶团队在该领域取得的最惊人的发现。梅耶说："我们通过对你的头部进行核磁共振扫描，可以预测你体内有什么样的微生物花园。"这些菌种影响大脑的灰质密度和体积，还有连接大脑皮层不同区域的白质束。特别是，肠道细菌对大脑的奖赏中枢（reward center）通路似乎会产生极大的影响，奖赏中枢是激励你寻求愉悦、避免痛苦的部位。对梅耶来说，这意味着肠道细菌可能会影响"你的情绪基调、压力反应，无论你是乐观还是悲观的人。委内瑞拉丛林的印第安人（就像梅耶曾经一同生活过的亚诺玛米人一样），他们所接触的微生物与城市居民完全不同。显然，他们的行为也与城市居民有非常大的差异。我们不清楚肠道细菌是否与此相关"。

无须多言，他很想知道答案。

至少肠道细菌对行为会产生另一个非常重要的影响：刺激食欲。在下一章中，我将解释它们为什么会有动机来操纵我们的食欲。而且如果走运，我们也许可以借由它们的帮助来赢得与肥胖的斗争。

Chapter

< 7 >

第七章　菌群使人肥胖

瞧瞧这两只老鼠：一只丰满可爱，另一只瘦得皮包骨头。[1]然而，在这两只老鼠中，瘦老鼠吃得更多，它的体重却更轻，因为它与那只胖乎乎的老鼠不同，它的肠道里没有微生物。如果肠道中没有这些助手来分解食物，大部分食物没经过消化就会从肠道通过。尽管瘦老鼠比胖老鼠多食用30%的食物，但脂肪却少了60%。

对无菌小鼠的研究毫无疑问地表明，微生物对我们能从食物中获取多少营养有很大影响，这显然是它们控制饥饿感和体重的一种方式。但这不仅仅是一个卡路里输入和输出的故事。肠道细菌通过调节你体内产生的激素来刺激或抑制你的食欲。例如，食欲刺激素，它能让你在自助餐中忍不住再吃上一份；还有瘦素，它会告诉你把盘子推开。[2]还有观点认为肠道细菌自身可以合成化学物质，这些物质向大脑中控制饱腹感的区域发出信号。[3]这些区域包括富含大麻素受体的通路——这和人们在吸大麻时所涉及的神经通路是一样的。

许多科学家在这些见解的启发下猜测我们的菌群可能

掌握了战胜肥胖的秘密。圣路易斯华盛顿大学的医学研究员杰弗里·戈登（Jeffrey Gordon）是这一系列工作的核心，他在该领域开展了一些极具创造性和争议性的实验。

2006年，戈登的团队取得了一个重要发现[4]：肥胖老鼠体内某个主要种类的肠道细菌所占的比例远大于其他细菌，而瘦老鼠体内的情况正好相反。肥胖和瘦弱的人体内也表现出同样的模式，这令戈登着迷。[5]这是否意味着某些细菌会让人发胖？或者是因为肥胖人群摄入的过量卡路里有利于这些菌株的生长？

戈登和凡妮莎·K.蕾杜拉（Vanessa K. Ridaura）等人为了理清因果关系，进行了一系列令科学界瞩目的实验。[6]他们开始寻找罕见的双胞胎，其中一个人超重而另一个人瘦弱（这样做的想法是为了尽量减少遗传的影响）。研究人员随后从受试者的粪便中收集细菌，并用细菌去感染基因相同的无菌小鼠。结果，获得双胞胎中超重者身上细菌的小鼠变得肥胖，获得双胞胎中瘦弱者身上细菌的小鼠依然苗条。接下来，为了比较两种细菌，研究人员将两组小鼠放在了同一个笼子里。老鼠是食粪动物——这是一种文雅的说法，它们会以彼此的粪便为食。因此，将这两组动物混合在一起可以让它们都有机会接触从超重者和瘦弱者身上采集的粪便细菌。

这场细菌“争霸赛”在戏剧化的混乱中达到高潮：由

于来自瘦弱者的细菌“排挤”走了肥胖小鼠体内的初始菌群，肥胖小鼠变瘦了。瘦小鼠还是那么瘦。双胞胎中瘦弱者身上的细菌在两组小鼠中都占了上风。

因为这项实验中的所有受试小鼠都被喂食了低脂肪的标准小鼠口粮，所以研究人员想知道，如果这些动物在接触细菌混合物时被喂食了相当于垃圾食品的食物会发生什么情况。结果会一样吗？研究人员查阅了各种饮食图表为小鼠制作食物颗粒，颗粒的成分类似我们食用的高糖、高脂肪食物。这种饮食习惯下的肥胖小鼠并没有在实验中瘦下来。它们的肥胖菌群战胜了消瘦菌群。不过，瘦小鼠无论怎么吃都不会变得胖乎乎。它们的初始菌群让它们免于肥胖。

最近，戈登的团队发现，肥胖小鼠与瘦小鼠相比，体内的菌群种类更加贫乏。[7]瘦小鼠的肠道细菌种类要丰富得多。相关研究表明，瘦小鼠体内的多样菌群可以从同样的食物中提取更多的卡路里，因此你可能认为这些小鼠应该会肥大。但恰恰相反，它们的细菌将食物分解为代谢物，这些代谢物似乎起到了食欲抑制剂和能量助推器的作用，所以小鼠将多余的卡路里消耗掉了，总体摄入的卡路里更少。[8]

这些结果支持了这样一种想法（现在有的也只是想法而已）：如果将合适的细菌混合物引入超重人群体内，伴随着短时间的低脂疗法，将他们体内的肥胖菌群赶出来，那么他们就能变瘦了。然后，当这些“好的”菌群地位稳固时，人们就不会再想吃巧克力慕斯蛋糕了。或者他们可以一连吃三份蛋糕，但仍然穿得下紧身牛仔裤。

事情可没那么简单。人类的肥胖是一种复杂的疾病，它不仅受到饮食、遗传和锻炼等明显因素的影响，还受到睡眠习惯、压力、文化规范、爱情难题、收入、吸烟、饮酒、养宠物以及“天知道还有哪些”因素的影响。话虽如此，肠道菌群对某些人而言，可能会让天平往错误的方向严重倾斜。

为了纠正这种不平衡的状态，阿姆斯特丹的科学家采用了一种策略，利用结肠镜（插入直肠进行结肠镜检查的管状器械）将瘦子的粪便转移到肥胖人群的肠道中。[9]这一过程虽然听起来恶心，但该技术在医学上的应用并非前所未有。这个技术被称作粪便微生物移植，它已经在实验中被证明有希望治疗多种胃肠紊乱，包括艰难梭状芽孢杆菌结肠炎，该疾病的特征为慢性腹泻和腹痛，还有克罗恩病。（细菌捐赠者是没有胃肠紊乱的健康人）这一事实鼓舞了荷兰研究人员开展有关肥胖患者的实验。然而，许多美国专家认为这样做还为时过早，他们希望能先将该方法背后的基础科学原理确定下来。[10]而且这种方法也引发了安全忧虑。

尽管捐赠者都经过了严格筛选以确保他们没有携带艾滋病毒、丙型肝炎病毒或其他病毒，[11]但总可能有一些病原体未被发现，从而让接受移植的人患病。该领域的领袖们正在暗中讨论是否也应该对捐赠者进行精神疾病筛查。科克大学的神经科学家约翰·克莱恩意识到，肠道细菌可能影响人的情绪甚至性情，他半开玩笑地警告说，你应该小心你的捐赠者，他"可以把你变得不像你"[12]。斯蒂芬·M.柯林斯，那位对小鼠开展性格研究的人，也表达了类似的担忧："粪便微生物移植对消化系统紊乱的患者而言是一种救命的治疗方法，因此人们不愿意提及这种手术可能改变病人的性格从而让人们对它的热情减退。"[13]他在报告中说，他的团队目前正在评估，因消化问题而接受粪便微生物移植的病人是否会因此发生情绪变化。

与此同时，戈登和他的同事正在动物实验中努力识别人类粪便里有哪些细菌可以防止肥胖。[14]如果成功，他们下一步的想法就是将提纯后的菌株（而不是粪便）移植到人类身上。这一创新做法可能会减少副作用，并让这个方法看上去没那么恶心。除了肛门，口服给药也是可能的[15]，例如在你吞下的药丸（科学家喜欢称其为"便便胶囊"）、食物、婴儿配方奶粉或酸奶中注入消瘦细菌。细菌种类甚至可以量身定制，来配合个人独特的肠道菌群。另一种选择是增加益生菌膳食，比如富含纤维素的菊苣等根茎类蔬菜，这基本上相当于健康的微生物群落的肥料。正如戈登在《科学美国人》杂志中所说的："我们需要按照由内而外的思路来研发食品。"[16]

然而，我们在一条战线上取得进展时，却在另一条战线上退步了。抗生素会消耗肠道菌群，从而可能扩大肥胖人群的范围。[17] 马丁 · J. 布莱泽（Martin J. Blaser）提出了这个警告，他是纽约大学人类微生物学的项目主任，也是《消失的微生物》（*Missing Microbes*）一书的作者，这本书为该观点提供了有力的支持。没有人——当然也不包括布莱泽——建议我们不要使用这些救命的药物，但是他和其他科学家确实呼吁我们重新思考什么时候才应该求助于抗生素。抗生素可能会让你变得更胖的观点对农夫来说肯定并不新奇。几十年来，他们一直在动物饲料中添加低剂量的抗生素来让各种牲畜变胖，包括家禽、猪，还有牛。（美国直到 2014 年才开始逐步放弃抗生素的使用，远远晚于大多数欧洲国家）[18] 农夫的另一个秘诀 [19] 是：在动物很小的时候就开始给它们喂抗生素，这样可以将利润最大化。如果等到它们长大以后再这么做，这个方法就不能那么有效地让动物变胖了。

人类在生命早期就开始使用抗生素了。我们许多人甚至在出生前就接受了第一针药剂。在工业世界，三分之一到一半的妇女在怀孕期间都接受了抗生素治疗。一般美国人到 18 岁的时候已经经历过 10—20 个疗程的抗生素治疗了。不过，我们与家禽等不同，并不会每餐都服用抗生素。我们通常会在短时间内服用大量的抗生素。那么我们以动物为例来推断人类的情况是否合理呢？

为了回答这个问题，布莱泽的小组给小鼠施加了短暂的高剂量药物脉冲来模拟人类治疗。[20] 当这些小鼠长大后，它们不仅比未接受治疗的同类体重更大，而且也有更多的脂肪组织。如果给小鼠喂食高热量的食物而不是普通的食粮，它们的体重增加得会更加显著。布莱泽认为，我们吃的食物和菌群之间的协同作用，可能更有助于解释美国南方的肥胖发病率高的原因，因为这种情况将人们对油炸食品的喜爱和全美国抗生素使用量最高的地区结合了起来。

一项长达 10 年的研究跟踪了 163 820 名儿童和青少年受试者，研究结果也支持了使用抗生素会让我们变胖的观点。[21] 研究发现，到受试者 15 岁时，接受了 7 个或更多抗生素疗程的孩子比从未服用抗生素的孩子重 3 磅。尽管这些药物导致的体重增加在童年末期并不明显，但随着时间的推移，这些影响似乎会逐渐累积。霍普金斯大学的彭博公共卫生学院研究负责人布莱恩 · S. 施华兹（Brian S. Schwartz）认为，两组受试者到了中年体重差异可能会更大。他警告说：“你的身高体重指数可能会被你小时候服用的抗生素永久地改变。”

具有讽刺意味的是，一项著名的医学成就——消除引发溃疡的幽门螺杆菌，可能是人们腰围增加的主要原因。[22] 幽门螺杆菌在调节食欲刺激素方面具有关键作用。食欲刺激素会随着你吃饱而减少，从而向你发出放下刀叉的信号。然而，如果幽门螺杆菌不存在了，食欲刺激素水平会下降得更慢，从而让你暴饮暴食。根据布莱泽的说法，尽管幽门螺杆菌经常被塑造成“恶棍”，但对大多数人来说，它不会引起什么问题。他说，一个世纪之前，幽门螺杆菌还是胃里最常见的细菌，几乎存在于每个人体内。但如今，在世界上的富裕地区，它已经基本上被消灭了。在美国、德国和瑞典，目前只有 6% 的儿童胃里有这种细菌。

当然，没有人会冒险将这个被驱逐的“住客”重新请回胃里，因为它有可能会引发胃溃疡。如果病变区域溃烂多年，甚至可能引发胃癌和食道癌。澳大利亚科学家巴里 · 马歇尔（Barry Marshall）认为，也许有一种方法可以在利用幽门螺杆菌益处的同时减少它的危害。[23] 巴里·马歇尔因发现幽门螺杆菌及其在胃炎和胃溃疡中所起的作用而获得了 2005 年诺贝尔生理学或医学奖。他认为未来的益生菌可能包括一种脱毒版的幽门螺杆菌，它有抑制饥饿的益处，但不会腐蚀我们的胃壁。

幽门螺杆菌的减少在过去一个世纪里是对人类有益的发展，但这些发展也可能破坏了人们的肠道菌群。因为家庭规模的缩小、更清洁的水质和更好的卫生条件，我们肠道内的许多细菌都已经被清除了。如今，孩子们的兄弟姐妹越来越少，这也让年轻人失去了获得与他们遗传组成匹配的有益菌群的机会。因为手足之间会彼此亲吻，在对方面前咳嗽，还会有相互偷咬冰棍等行为。在初生婴儿肠道菌群建立的关键早期阶段，由剖宫产降生、被外科医生的无菌双手接过的婴儿接触母亲体内菌群的机会较少。[24] 由配方奶粉喂养的婴儿可能会错过母乳中数百种菌株。研究表明，剖宫产降生和配方奶喂养的两组婴儿比其他婴儿变得肥胖的可能性更高，这也许与以上菌群变化的原因有关。

微生物研究不仅可以为母乳喂养的健康作用提供又一个理论基础，还可以降低剖宫产在世界上的受欢迎程度。一项在波多黎各开展的实验中，医生用浸润了母亲阴道体液的纱布擦拭新生儿的皮肤。在接下来的几年里，研究人员会比较这些孩子和那些剖宫产出生但没有接触母体菌群孩子的健康状况和体重。

布莱泽和其他科学家认为，更好地关注抗生素的"杀伤力"对保持我们肠道菌群的多样性和活力也至关重要。[25] 与其像现在这样不加辨别地消灭好的和坏的细菌，我们的目标应该是用更有针对性的抗生素来对付敌人，从而减少附带的损伤。与此同时，我们通过更少使用这些药物，并且用肥皂和水这种老式的方法来代替杀菌洗手液和家庭清洁产品，来保护我们的肠道生态系统。试想一下，微生物构成了我们身体的90%，所以在某种意义上，消灭每一个你可能遇到的细菌都是反人类的。

在微生物科学为肥胖症提供更好的治疗方法之前，渴望减肥的人可能会去购买药店或保健食品商店出售的益生菌药片和药粉。可惜这种做法只能为你的钱包瘦身，而不能让你减肥。科学家警告称，我们在动物和人类研究中强调的乐观结果，包括证明益生菌可能有提升情绪作用的研究，都是用数量远远高于市场上产品的细菌菌株实现的。专家还警告说，由于对膳食补充剂的管理不善，许多补充剂的保质期不够长，服用的人无法从中获得益处。[26]更糟糕的是，它们甚至可能并不包含标签上标明的成分。因此我不愿意认可这些产品中的任何一种，尤其是它们没有被冷冻的话。但是，我很乐意提出一个饮食建议来帮你有效利用肠道细菌，或者更确切地说是一个减肥的方法：多喝酸奶。一些商业品牌培养的菌株似乎可以帮助你维持健康的体重。

一项规模大、历时长的流行病学研究，探索了饮食在体重增加中起的作用。[27]哈佛大学的5名营养专家在10—20年间持续追踪了120 877名卫生专业人员——护士、医生、牙医和兽医的情况。参与者每两年都要填写一份关于他们饮食和当前体重的详细问卷。参与个体的平均体重每 4 年增加 3.4 磅，也就是说在 20 年间会增加约 16.8 磅。不出所料，美式主食如炸薯条与每 4 年中的最宽腰围有关。食用炸薯条与 3.4 磅的体重增加相关；食用薯片，增加 1.7 磅；食用含糖饮料，增加 1 磅；食用红肉，增加 0.95 磅。大量食用蔬菜、全麦食品、水果和坚果与体重下降有关，减少的体重在 0.22—0.57 磅。酸奶是最减肥的食物之一，服用酸奶会让人每 4 年的体重下降 0.82 磅，或者说在 20 年内减少 4.1 磅。首席研究员弗兰克 · B. 胡（Frank B. Hu）推测，细菌培养物可能会刺激人体产生可以减弱饥饿感的激素，从而让食量大的人群摄入更少的卡路里。[28] 人们喝下肚的那些酸奶可能也有助于振奋他们的精神——该研究没有对这一点进行记录，但这似乎是一个有待证明的合理假设。

既然我们已经探究了肠道细菌影响我们的情绪的许多途径，让我们转向本书的一个核心问题——为什么肠道细菌会演化出能够指挥我们行为的能力？

在这个问题上，我们的结论并不具有稳固的基础，不过我想提出一个有依据的猜测：人类用大脑来创造音乐，理解数学，并思考宇宙的命运，因此我们容易认为肠道是为大脑服务的，而不是反过来。但是大约 8 亿年前，细菌开始寄居在动物身上时，大脑还没有变得那么复杂。[29] 蚯蚓被认为是体内最早出现肠道细菌的生物之一，每条虫子蠕动的身体里基本都有一条被神经纤维包裹着的长消化道来协调消化——现在我们称之为“第二大脑”。虫子“脑袋”（要是可以这样称呼两个小小细胞团的话）里大脑的主要功能是服从身体下方的命令，比如“吃，吃，吃”，从而保证细菌在这个吃饱喝足的管状身体里大量繁殖。根据艾奥瓦州立兽医学院的微生物学专家马克·莱特（Mark Lyte）的说法，上面的大脑甚至可能已经演化为肠道神经网络的前哨，如果是这样，“第二大脑”反倒排在了首位。[30] 所以，肠道细菌一开始就和上面的大脑保持着非常密切的联系，甚至可能会非常独断专行地提要求。毕竟，肠道细菌在数量上远远超过了身体中的其他细胞，它们也显然与自己所寄居“载体”的安全与福祉存在利害关系。随着“载体”的演化及其行为的日益复杂化，寄居在它身上的微生物在迫切的营养需求下，不得不将它们的控制领域从简单的食欲扩展到情感和认知领域。麦克马斯特大学的斯蒂芬·M. 柯林斯认为，这就是为什么动物一旦没有了微生物就会看起来没有方向感、萎靡不振或冒失莽撞。[31] 就像柯林斯所指出的那样，无菌小鼠的学习能力不佳，也不记得自己去过的地方，它们不会躲避捕食者。母亲的养育和保护对小鼠的生存至关重要，但无菌小鼠与母亲分离时不会感到悲伤也不会反抗。"但是，"柯林斯说，"如果你将该品种小鼠体内的正常菌群移植到无菌小鼠体内，它们会变得冷静并且会用更加合适、谨慎的方法行事。可以说，让宿主活下来并尽可能地降低风险，是最符合细菌利益的做法。"

加州大学洛杉矶分校的梅耶表示认同："这些微生物已经与我们共存很长时间了，所以它们在与饥饿、躁动、性行为、攻击性和焦虑有关的领域一定为我们带来了一些益处。这些行为都是为了提高存活率而演化出来的。"[32] 在他看来，演化不是在大型生物或微生物之间做出选择，而是两者都要。"它在进行系统优化，"梅耶假设道，"如果你生活在一个危险的环境中，这些细菌会增强而不是减弱你的恐惧感，因为在这种情况下宿主对威胁的过度反应更加有益。如果你生活在一个资源稀缺的环境中，细菌会刺激多巴胺系统（一种与奖赏机制相关的神经递质），让你冒着高风险去觅食。"

不过，事情变得复杂了起来。尽管超有机体与其微生物组成部分的命运紧密相连，但它们的目标可能并不总是一致的。你可能纯粹为了刺激想在巨浪上冲浪，但你的肠道菌群却并不会从你的冒险中获益。如果你淹死了，它们会和你一同沉没。让问题变得更令人困惑的是，这些细菌彼此之间也在相互竞争。一群细菌可能希望摄入碳水化合物，而另一群细菌则渴望获得高蛋白食物，它们都在游说宿主为了各自的利益而行动:去吃个百吉饼吧！不,不——去吃牛排吧！虽然这只是天马行空的想象，但大脑可能确实受到了肠道微生物之间相互冲突的指令轰炸，不过这种矛盾将如何解决还不得而知。

不管“仲裁”的机制是什么，这些微生物基本上与彼此、与我们都相处得很好。它们本质上并非不驯、好斗的群体，不会只想着怎么迅速杀死宿主，然后换到下一个。这些微生物不同于因为毒性而被自然选择的微生物，它们的生活节奏更悠闲，侵略性更小，传播速度更慢，比如母亲亲吻孩子时由唾沫星子传播，或者通过握手（尤其当握手的人去洗手间后忘记洗手时）来传播。它们放弃了绿林好汉般刀口舔血的生活，选了一种更安稳的方式——有栖身之所，可以保证温饱。然而，它们像宿主一样也可能是机会主义者。如果它们感觉不用为自己的行为付出任何代价，就可能会一下钻进肚子里或者造成其他伤害。它们还受到如狂犬病毒等“猛兽”的影响。这些病毒无意与任何生物共处，它们直接攻击大脑，从而能更有效地操纵宿主，最终对我们和肠道菌群造成损伤（不过我们如果死了，肠道菌群可以把宿主吃掉）。简而言之，肠道菌群并没有比寄生性操纵者更利他，只是它们和宿主的生存策略结合得更为紧密，因为它们常常希望我们以对自己有益的方式行事，所以它们不如那些作恶的微生物引人注目。但是可不要搞错了，它们对我们的行为有巨大的影响。事实上，我不确定，是否真的能将我们的动机和它们的动机区分开来。

我们显然需要更多的研究才能阐明这种关系的本质，但是所谓的肠道“直觉”几乎肯定有人类生理学的基础。精神病学和胃肠病学之间的联系可能比我们想象得更为紧密。

Chapter

< 8 >

第八章　疗愈本能

就连马基雅维利*（Machiavelli）也会惊叹于大自然操纵者的狡猾伎俩和幕后手段。但是宿主也不是好欺负的，我们除了拥有免疫系统和健康的肠道细菌来抵抗感染外，还和其他动物一样从降生起就具备了寄生生物追踪“雷达”——这一系列感应器能够感知蚊子音调高昂的嗡嗡声、恶臭的气味、疾病的迹象，还有埋伏在附近不起眼的污染物痕迹。感应器一旦发现了问题，防御系统就会促使我们立即采取规避措施。如果我们真的生病了，它会让我们通过典型的反应来缓解伤害。科学家发现，这些本质上起到了免疫系统“影卫”作用的保护性行为可能相当复杂。

即使对疾病病原理论一无所知的生物，也拥有疗愈和保持健康的本能。良好的卫生条件、疫苗接种、治疗措施，这些都是现代医学的支柱。然而，正如早期人类一样，几乎所有动物都具有这些保护性行为。的确，要不是有了这

* 马基雅维利，意大利政治思想家、哲学家，著有《君主论》（*The Prince*），书中提出，君王为达到统治目的，可以抛弃伦理道德，使用狡诈、欺骗甚至暴力手段。

些演化而来的防御行为，免疫系统很快就会不堪重负。

这种现象最常见也最容易被误解的一个例子是科学家所谓的“生病行为”。你在生病的时候会发高烧，没有食欲，变得沮丧和无精打采。这些症状并不像人们普遍认为的那样是病原体在削弱你，而是恰恰相反：这表明大脑在和免疫系统一起对入侵者展开多方面的防御。传染性生物通常只能在一个狭窄的温度区间内生存，因此发烧是在用高温的方法来把它们大量杀死，这是一种机智的防御策略，但却需要大量能量。哪怕只是将正常体温调高 1 摄氏度，所需的热量也相当于普通成年人步行 40 千米消耗的热量。[1] 为了将这么多能量输送到战场，大脑开始发出指令：不要走动！不要求偶！不要觅食并花费宝贵的精力去消化！卧床休息，停止一切活动！所以你会烧得昏昏沉沉地睡去。

发烧对杀死细菌而言非常重要[2]，以至于那些不能调节自身体温的动物，例如蝗虫、幼年的兔子和蜥蜴等冷血动物，已经找到了替代方法来烧死病原体：晒日光浴。为了不让人们怀疑生病行为是对病原体的防御，科学家可以在不将动物暴露于任何细菌的情况下诱导发烧。[3] 他们仅仅通过给健康的老鼠注射名为细胞因子的免疫成分就实现了这一点。这些曾经活蹦乱跳的动物开始不吃不喝，也没有热情在轮子上奔跑了。它们的体温上升，活力就下降。即使它们很健康也会有生病的表现和感觉。

有时发烧和相关防御措施不足以控制快速繁殖的细菌和它们产生的大量毒素。[4]在这种情况下，神经系统能够协助免疫系统。神经系统可以通过打开胃肠道关键位置的阀门,同时让肠道有节奏地逆向收缩来让食物返回。这时,大脑开始发出一波又一波恶心反胃的信号。你知道接下来会发生什么：你吐了。恭喜！你仅仅通过几次抽搐就排出了一大群讨厌的细菌。

呕吐不仅是一种清除有害微生物的手段，也是一种预防措施。交感性呕吐指的是，在有人呕吐时，其他看到的人也会跟着呕吐。人类演化出这种模仿行为可能是为了保护自己免于食物中毒，这种危险在过去几代人中更常见，也更为致命。[5]想象自己坐在原始的火堆旁，享受着炖羚羊肉的社群晚餐，这时你身旁的人开始吐了起来。炖肉可能不是他突发疾病的罪魁祸首，但是在这种情况下你也做出同样的反应是明智的预防措施。这就是科学家认为恶心感非常容易传染的原因。

许多科学家帮助我们深入了解抵抗寄生生物的防御行为。加州大学戴维斯分校的兽医和神经生物学家本杰明·L. 哈特（Benjamin L. Hart）研究的规模和范围格外突出。20世纪70年代，哈特把发烧与其他生病行为联系了起来，他的直觉告诉他，将这些特征结合起来可以体现出演化的优势。除了他自己的研究，他的综述文章也为该领域创立了一个概念性框架，激发了科学界对这一现象的兴趣。哈特眼光独到，善于找到不同发现之间的联系。他并没有将自己的研究局限在实验室里，他的许多见解来自他和妻子丽奈特（Lynette）长居非洲研究野生动物的经历。丽奈特也是加州大学戴维斯分校兽医学院的一名教员。他们还记得第一次近距离看到野生动物时，对动物的强健身体赞叹不已。[6]“你知道我们兽医学院对宠物和动物园里的动物有多关心，”哈特说，“我们让它们待在干净、有遮挡的环境中，给它们消毒、接种疫苗并注射抗生素和其他药物。相比之下，野生动物更会被抓伤、咬伤，被成群的蚊虫叮咬，并且以在泥土里拖拽过的尸体为食。然而，尽管它们没有接受过任何医疗护理，其体内的寄生虫水平通常却都很低。它们在大自然中相处友好，互不干涉。其中一些动物则茁壮成长。”

在我与哈特夫妇交谈之前，我认为，动物以及过去的人类，躲避大型捕食者所耗费的能量比避开微小的寄生虫要多得多。现在，我却怀疑，事实可能完全相反。除此之外，还有我们头脑中运作不停的机制，激发出我们莫名其妙的性吸引力、对睡眠的渴望、奇怪的食欲，还有没人清楚的独特冲动——这一切都是为了保护我们免受寄生虫的侵害。与此同时，我们却对这些冲动的源头，还有它们帮助我们避开的危险雷区视而不见。单是清除生活在身体表面的寄生虫——虱子、螨虫、蜱虫、蚊子等，就已经是一项令人疲惫的全职工作了。这些现实中的“吸血鬼”种类繁多，光是人类和鸟类就能吸引 2000 多种跳蚤。[7]

这些害虫的学名叫作体外寄生虫（ectoparasites，ecot 的意思是“外面的”，意思是它们喜欢生活在动物体外而不是体内），它们可不仅仅是让人讨厌的小东西而已。虻一天就可以吸取近半升的马血。[8] 只需要 6 只嗜食的蜱虫就能让瞪羚或黑斑羚等“飞毛腿”动物萎靡不振，使它们成为捕食者的美食。牛蝇可以让牛的体重在一年内减少 20—70 千克。

体外寄生虫带来的负面影响是全方位的。它们能消耗能量，阻碍生长，削弱动物获得领地和争夺配偶的能力。如果被感染的动物得以繁殖，它们产出的后代会变少，喂养后代的奶水也很少。体外寄生虫也携带有微小的寄生生物，如导致疟疾、登革热和莱姆病等病的细菌，昆虫在进食时会将这些寄生生物传播给宿主。

难怪动物会竭尽全力来躲避这些害虫。老鼠把醒着的三分之一时间都花费在理毛上。[9] 蓝鹭以惊人的速度啄咬盘旋在它们下方的蚊子，每小时可达 3000 次。[10] 马和其他蹄类动物会经常晃动它们的脑袋，抽动耳朵，跺跺地面，挥摆尾巴，或者彼此靠在一起。如果这些做法都没用，它们还会奔跑一会儿。[11]有些动物甚至会自己制作“苍蝇拍”。哈特在尼泊尔时，惊讶地看到亚洲大象折断了一根大树枝，将上面多余的叶子去掉做成树鞭，在头和身躯附近挥动。“这是使用工具的表现，”哈特说，“它们制作的树鞭也确实能赶走苍蝇。”瞪羚和黑斑羚则采取了不同的方法来驱除寄生虫：它们把牙齿当梳子来刮掉毛发上的虱子，这样每天舔舐理毛达 2000 次。

这些了不起的努力并非毫无价值。[12]不能梳理毛发的老鼠，身上的虱子多了 60 倍。那些凶猛啄食蚊子的蓝鹭，阻止了 80% 吸取它们血液的潜在袭击者。哈特夫妇在野生黑斑羚身上开展的一项研究表明，理毛行为将动物身上的蜱虫数量减少到原来的 1/20。[13]

避虫策略可能比表面上看起来更复杂。[14]哈特夫妇发现，瞪羚和黑斑羚即使没有虱子也会梳理毛发。哈特说，“动物脑袋里的钟”每小时都会告诉动物几次，是时候彻底刷干净蜱虫爬过的部位了，这条路径通常会通到动物够不到的头部或尾部。哈特夫妇将这种现象称作“程序化理毛”，如今这一想法已经被人们广泛接受了。但哈特回忆说，他们刚开始很难向同行推广这种想法。“他们会说：‘动物身上痒。它们理毛是因为发痒。’我会说：‘蜱虫叮咬动物的时候动物根本就没什么感觉。’他们会回应道：‘哦，本，你为什么要浪费时间研究这个？’”最后，哈特夫妇从非洲回来后去了圣地亚哥野生动物园，记录了汤姆逊瞪羚的行为。它们生活在干净卫生的围栏里，身上没有虱子，然而它们还是像上了发条似的给自己理毛。

哈特夫妇的发现最初可能受到了质疑，因为科学家们长期以来低估了体外寄生虫可能对宿主造成的伤害。正如丽奈特·哈特解释的那样："人们认为动物有理毛行为是因为这样做感觉很好，且完全出于社交目的。"

当然，对许多群居物种来说，这样做的确出于社交目的，但是如果有另一双手、另一对爪子或另一排牙齿来帮忙除去自己够不到的寄生虫也是一件好事。在其他物种中，如老鼠、企鹅、鹿和灵长类动物，相比它们自己解决，配偶或伙伴的帮助可以将身上的害虫数量减少很多。丽奈特说，在黑斑羚中，相互梳理毛发严格说来是"一报还一报"，这又是一个程序化行为的例子，无论双方身上是否有虱子，它们都会这样做。一只黑斑羚会径直走向另一只，然后在对方的颈部划拉七八下来梳理毛发。如果对方不立刻报以同样次数的梳理，那么这只黑斑羚就会走开。丽奈特说："它们不太能接受这种欺骗。"小林姬鼠和长尾猕猴则采用了一种不同的交换方法：将性作为理毛行为的回报。[15]

还有一些动物将这项工作外包给别的物种[16]。这种方式在海洋生态系统中尤其常见。大鱼游到一个名为"清洁站”的特别区域，然后张开嘴让小鱼和小虾游进来，它们会吃掉附着在大鱼牙齿和鳃上的寄生虫和其他小渣滓。在非洲，啄木鸟对犀牛、水牛、斑马、长颈鹿和羚羊也提供类似服务。哈特说，这种鸟特别擅长清理耳朵[17]——虱子最喜欢的藏身之处。“你可以看到动物会稍稍调整它们的姿势，方便让鸟儿进入耳朵中把虱子衔出来。”

由于绝大多数寄生生物都太小，以至肉眼难以发现，因此野生动物的恢复能力就更加显得了不起了。自然界中的生物既没有显微镜也没有药箱，它们是如何成功抵御感染的呢？

方法之一就是利用哈特所说的“嘴中药箱”。[18]当野生动物被咬伤、割伤或刮伤时，许多物种（包括灵长类动物、猫科动物、犬科动物和啮齿类动物）都会“用舌头像消毒布一样清洗伤口”。唾液中富含抗菌剂、强化免疫的物质、杀菌剂以及刺激皮肤和神经愈合的生长因子。在实验中，移除老鼠的唾液腺会延缓它们皮肤伤口的愈合。[19]在另一项研究中，研究人员通过刺穿一片培养皿中的人类细胞来模拟伤口。[20]往培养皿中添加了唾液后，伤口周围的细胞生长得比之前快得多。哈特说：“在适当的情况下，那句老话‘舔舔伤口疗伤’是一个非常好的建议。”

他和丽奈特认为，我们的祖先可能像如今的灵长类动物一样舔舐伤口。[21]现代人延续了这一传统，尽管他们是在不知不觉中这样做的。在和哈特夫妇谈话的几天后，我切橘子时就不小心割破了手指。我立刻开始吮吸伤口。我把手指放进嘴里后才想起他们的话，纳闷自己为什么不去拿肥皂和水清洗。

唾液还可以防止细菌通过其他途径进入身体。雄性的老鼠、猫和狗会在交配后疯狂地舔它们的阴茎几分钟。唾液可以杀死导致性病的数种病原体。雄性动物的这些习惯也对雌性有益，因为这能防止雄性将感染传给别的雌性。

有趣的是，牛和马舔舐不到自己的阴茎，因此更容易感染性病。根据哈特夫妇的说法，其中一个原因是它们通过人工授精繁殖。他们补充道，人类也很容易感染性病，这可能是由于类似的生理结构限制。

唾液还有另一个有益健康的用途。许多哺乳动物在给幼崽哺乳前会先用舌头擦去乳头上的细菌。哈特说："只有乳头先被唾液清洗过，小鼠才愿意吸奶。"

另一个远离寄生生物的聪明方法是避开那堆我们称为粪便的菌群。我们一看到身体排泄物或者闻到气味就会避之不及，这对我们很有好处。接触粪便污染物会让我们面临一长串的危险，包括各种肠道蠕虫、霍乱、伤寒、肝炎和轮状病毒（发展中国家的头号杀手）。[22]

粪便对其他物种同样也构成了一系列的危险，许多物种对粪便的反应和我们一样强烈。[23]珍·古道尔（Jane Goodall）说黑猩猩有“被粪便玷污的本能恐惧”。当黑猩猩不小心接触到粪便时，它们会抓起一把树叶用力擦拭。如果有排泄物出现，甚至连性都会失去吸引力。古道尔报告说，当一只雌性黑猩猩向一只雄性黑猩猩翘起臀部表示对交配的渴望时，雄性刚开始看起来有意一试，但当它发现雌性的毛上有腹泻的污迹时，当即选择了放弃。另一只明显条件欠佳的雄性黑猩猩最终接受了该雌性黑猩猩，但在第一次交配之前，雄性黑猩猩小心翼翼地用树叶擦去了对方身上的污迹。

其他动物在粪便方面也同样谨小慎微。鼹鼠和其他生活在洞穴里的小哺乳动物会建造与它们的生活区和储藏室分隔开的地下厕所。[24]马达加斯加的狐猴有它们专门的室外厕所——地面上的土堆，它们到土堆上只是为了上洗手间。牛、羊和马不会在新鲜的粪堆附近吃草，无论粪堆旁边的青草多么茂盛。[25]

狼、鬣狗和大型猫科动物从来不会污染自己的巢穴。哈特说，正是这种本能让人类意识到可以把它们的近亲养在家里做宠物。（不过，并非所有狗都是如此！[26]哈特提醒说，西施犬和小型猎犬可能需要花费数年时间进行家养训练，因为它们的这种本能已经被人类饲养者冲淡了。）

鱼类也有避免在不合适的地方排便的禁忌。[27] 当这种生理需求出现时，有几种鱼类会游到它们家园的边缘或更远的地方去。

就连鸟类和蜜蜂都有良好的排便习惯。北扑翅鴷每天都会清除 50—80 次雏鸟的便便——这些粪便都包裹在相当于鸟类尿布的凝胶状的囊袋里。（相比之下，人类婴儿一周换尿布的次数才与之大致相当。）至于蜜蜂，有些蜜蜂会像参加集体活动一样去厕所。每当有了去厕所的冲动时它们就会飞离蜂巢，然后一次性释放自己，喷洒恶心的黄色薄雾。时任美国国务卿的小亚历山大 · M. 黑格（Alexander M. Haig Jr.）在 1985 年访问老挝时将蜜蜂的粪便薄雾误认为是化学战。[28]

避免生病对保持健康而言同样重要。从古至今，人类对那些可能传播可怕疾病的人唯恐避之不及，而且还将他们隔离起来，这些疾病包括麻风病、黑死病、结核病、脊髓灰质炎、流感毒株，以及后来的艾滋病和埃博拉病毒。人们的逻辑推理能力（尽管在大部分历史时期都非常原始）和进步的医疗知识推动了这些行为。但是这样做的冲动背后可能也有本能的因素，因为在避开有疾病迹象的个体方面，我们并不是唯一的。

牛蛙蝌蚪可以感知到水中由胃肠道受酵母感染的蝌蚪发出的化学信号，于是它们会向相反的方向游去。[29] 同样，啮齿类动物也能检测到被寄生虫感染的同类的气味，进而表现出攻击性来保持距离或避开。研究人员用染料处理鳉鱼，来模拟鳉鱼感染吸虫后身上出现深色斑点的情形，结果显示，被标记的鳉鱼远不如未被标记的鳉鱼更吸引交配对象。[30] 猩猩也表现出了类似的倾向。[31] 古道尔说，一只雄性黑猩猩健康的时候从没缺过理毛伙伴，但当它患上脊髓灰质炎从而不能再控制身体后肢后，苍蝇开始在它周围盘旋，此后它就被群体抛弃了。

避开传染源是第一道防线，但是增强身体对感染的抵抗力也同样重要。我们将疫苗视为一种现代医学的复杂手段，但是没有医学博士学位的动物和人类一样也已经找到了接种疫苗的方法。例如，当一只蚂蚁感染了一种致命的真菌时，另一只蚂蚁就会冲上去舔它，这样同伴也能接触到微量的病原体。[32] 这种接种方法并非没有危险——2% 的蚂蚁会死亡。但是根据专门研究昆虫的进化生物学家西尔维娅 · 克雷默（Sylvia Cremer）的说法，绝大多数蚂蚁对感染的免疫力都有所提高。

有趣的是，在 18 世纪，一位名叫爱德华·詹纳（Edward Jenner）的英国医生发明了世界上第一种天花疫苗之前，北非人就使用了蚂蚁的这种方法来接种天花疫苗。这种古老的习俗是，把一名天花患者的疮痂摩擦到一个健康人皮肤的小创口上。就像使用同样接种方法的蚂蚁一样，这些人的死亡率为2%。然而，这一习俗所避免的悲剧远比它造成的悲剧要多得多，它将天花导致的死亡率降低了25%。（值得注意的是，如今的疫苗只含有病原体非传染性的成分，疫苗可能造成的死亡风险微乎其微。）

哈特说，像狮子这样的食肉动物，可能会给自己刚断奶的幼崽采取更污糟的疫苗接种方法。[33]它们将幼崽的第一份肉食拖过洞穴地面，让上面沾满细菌和污垢。这些污染物算得上是健康饮食，因为它们能增强幼崽的免疫系统，让其以后能更好地抵御自己狩猎时很快会遇到的大量细菌。事实上，如今与黏土类似的化合物也经常被专门用于医疗疫苗，因为按照医生的说法，这些佐剂可以强化免疫系统的反应。[34]

人们认为，某些种类的猴子通过在群体内传递刚出生的幼崽的方法来达到给幼崽接种疫苗的目的。[35]哈特说，幼崽刚出生，这么快就让它们接触群体内的细菌似乎是个坏主意，但是它们必须要在早期就能够保护自己，"因此它们的免疫系统需要和它们一样快速成长"。

发育较慢的灵长类动物（例如人类），有能力将新生儿与外界隔离（除了最亲近的亲属），直到他们的防御能力逐渐增强。然而，婴儿只要开始爬行，就像被设计好了似的，会把任何触手可及的东西放进嘴里，其中包括各种应该避免的东西——清洗水槽的海绵、在地板上拖过的奶嘴、猫嘴里吐出来的东西、花园里的石头和蜗牛，当然还有泥土。婴儿每天吞咽的东西通常多达 1 克重。

这种爱把东西往嘴里放的行为被解释为探索活动，婴儿通过这样做来了解周围物体的味道、质地和其他特性。但是大自然出了名地擅长多任务处理，因此在环境中取样的行为很可能既训练了孩子的感官，又训练了孩子的防御能力。他们冒险的味觉尝试也许是动物式免疫的又一个例子。

卫生学假说可以作为这一观点的补充。[36] 这是一个流行但仍存在激烈争论的理论，该理论的支持者认为，在过于干净的环境里养育孩子，可能会使孩子更易过敏和患上其他疾病。这些科学家认为，在生命早期得到反复考验的免疫系统，在区分“好的”和“坏的”细菌方面变得更加敏锐了,从而可以更好地判断应该何时发起反击。别忘了，微生物的研究已经开始将更多样的肠道菌群与更良好的健康状态联系起来，而且这些微生物群体在儿童幼年时期就开始生长。因此，当婴儿早期的危险阶段过去后，增加细菌摄入的行为是有道理的。

所有这些观点都需要更强有力的证据支持。而一旦这些观点被证明是站得住脚的，那么就可能会引发争议：也许因为我们热衷于为自己的孩子创造安全无菌的环境，所以我们用人造疫苗、抗生素和抗过敏药物代替了大自然接种。没有人愿意回到医疗落后的时代，那时许多婴儿来不及长大就夭折了。不过我们在家务卫生标准上稍微放松一点可能利大于弊。制药公司甚至可能从大自然中吸取经验。想象一下未来的药片，其中含有成千上万种土壤细菌来帮助刺激人体免疫力，但却不包含像弓形虫和弓首蛔虫这样的恶性生物，说到底它就是一种可以安全食用的泥饼。

我们已经谈了一些可能是专门演化出来降低我们对病原体易感的行为。但是有一项非常危险的活动是很难避免的，所以必须非常小心，那就是性行为。交配时，身体的交合给寄生生物提供了一个更换宿主并让更多人患病的绝佳机会。此外，这些病原体如果侵入生殖道会导致不育。如果一名女性与一名受感染的伴侣发生性行为并受孕，她的后代可能会先天畸形或患病。配偶的任何疾病迹象都可能表明其免疫系统薄弱，这种缺陷如果传给下一代可能会毁掉一个家族的血脉。动物为了避免付出这些高昂的代价，演化出了可以展示自己强大力量和活力的求爱仪式。在动物世界里，哪怕是一丁点儿疾病或虚弱的迹象都会导致性冷淡。

就像男人通过举重用壮实的肌肉来吸引女人一样，雄性孔雀鱼通过反复将身体扭成S形来吸引雌性。[37] 被寄生虫感染的鱼则较少做出这样的行为，那么结果显而易见：更虚弱的追求者会败下阵来。雌性老鼠也同样挑剔。[38]到了交配的时候，它们会去嗅潜在的伴侣，如果该潜在伴侣的气味暴露出其胃肠道里有致病原生动物，就会受到冷落。艾草松鸡在交配仪式中会膨起平常隐藏在胸部羽毛下的黄色气囊。[39]如果它们鼓起来的脖子上暴露出被虱子咬过的肿胀咬痕或是科学家用来模仿这种痕迹的红点，那么雌性松鸡就会去寻找另一个伴侣。在鸟类中，雌性会避开羽毛和纹饰暗淡的潜在配偶，因为这是被寄生虫感染的另一个标志。在一项很有说服力的实验中，红原鸡被肠道线虫感染了。与未受感染的雄性相比，它们的眼睛和鸡冠更暗淡，尾羽更短，颈部羽毛更苍白。这些不起眼的雄鸡完全吸引不了雌性，雌性与它们交配的可能性只有健康雄性的一半。

人类也可能依赖视觉上的线索来寻找具有强大免疫系统的伴侣，这表明他们可能会赋予后代更强的病菌抵抗力。美丽不仅与年轻和生育能力有关，还与健康和以往成功战胜病原体的经历有关。例如，美貌体现为对称的五官，这表明早期生命发育没有受到感染的影响，这也体现在没有痘印、疮疤或其他瑕疵的皮肤。考虑到这一点，你会认为那些更容易受到细菌感染的人会更重视美貌。[40]进化生物学家对六大洲约 7100 人展开调查，检验了这一理论。与他们的预测一致，生活在寄生生物是导致死亡和残疾主要原因的国家——如尼日利亚和巴西——的人，相比芬兰和荷兰等感染率低的国家的居民，认为配偶的美貌更重要。在英国的一项研究中，研究人员仅仅通过让人们想到细菌——例如，给他们展示溃烂皮肤伤口的图片或带有类似粪便污渍的白布——就提高了他们对异性对称面孔的偏好。[41]

不止眼睛，鼻子也可以指引我们选择能赋予我们后代更强抵御传染病能力的伴侣。科学家们对大约 200 个名为“主要组织相容性复合体”（MHC）基因的深入研究，让这个仍有争议的说法得到了关注。[42] 这些基因编码细胞表面分子，能让身体将自己的细胞与外来入侵者区分开来，给后者打上标记再将之消灭。大多数人都对器官移植情形下的 MHC 基因很熟悉。手术的成功与否取决于捐赠者和接受者之间有多少共同的 MHC 基因。二者如果不匹配可能会引发免疫攻击反应，从而导致移植器官被接受者排斥。

20 世纪 90 年代，一项对老鼠的实验表明，MHC 基因不仅仅控制老鼠检测外来细胞的能力，还决定了老鼠独特的体味。[43] 简而言之，气味向其他动物传递了有关个体免疫系统内部运作的重要信息。此外，老鼠更喜欢与和自己的 MHC 基因差异最大的动物交配，这个选择也基于潜在伴侣的气味特征。因此，它们的后代将拥有更为多样的免疫基因，这种多样性能提高其存活率。当父母的免疫基因相似时，它们的后代更容易被相同的细菌感染，所以如果一窝老鼠里有一只因感染而死亡，那么其余的老鼠很可能会随之死亡，这意味着家族血脉的终结。[44] 如果由于群体数量急剧下降，其成员就开始近亲交配，那么这种劣势就会被放大。[45] 在这种情况下，单一的病毒感染就能造成群体数量的急剧减少。近亲繁殖的群体患遗传病的风险也更高，因为个体有可能遗传了两个隐性基因——父母双方一方一个，从而表现出有害的性状。乱伦是一种极端形式的近亲繁殖，这样做风险只会更大。

就人类而言，了解乱伦对生理和心理造成的危害无疑让这种行为成了社会中的禁忌，不过即使在自然界中乱伦也属罕见。事实上，乱伦所生的动物只占野生动物出生数量的 2% 不到。科学家开始认为，大自然可能利用了气味来阻止对生物不利的交配方式。

瑞士动物学家克劳斯 · 韦德金德（Claus Wedekind）受动物研究的启发，想要确定气味是否会对我们人类的择偶偏好产生无意识的影响。[46] 他在伯尔尼大学对大学生进行了一项著名的实验。他给男生分发干净的棉 T 恤，让他们穿两个晚上，并且在此期间不使用除臭剂或任何带有香味的产品。他收集了男生们汗湿的 T 恤后让女生来闻，并让她们根据自己最喜欢的气味对其排名。实验结果与动物研究相吻合，女性更喜欢 MHC 基因与其自身基因差异最大的男性气味，而且她们最喜欢的男性气味让她们想起了现任或前任性伴侣的味道。最近，韦德金德和同事曼弗雷德·米林斯基（Manfred Milinski）有了另一个有趣的发现：某些 MHC 基因部分相同的人喜欢的香水味也相同。[47] 他们推测，人类或许会无意识地选择能增强其自然体味的香水，这解释了香水在人类历史上广泛使用的原因。

对欧洲人和欧裔美国人的独立研究，尤其是对哈特莱特兄弟教会成员 * 和摩门教徒 † 的研究，与上述结果非常吻合，即不同 MHC 基因的个体确实相互吸引。[48] 在一个相关的研究中，研究者们提出了一个理论，即在病原体肆虐的地方，自然选择应该更偏向于让 MHC 基因更加多样化的人们生存。[49] 他们在分析了从全球 61 个群体中收集来的人类基因组数据后，发现结果正如他们所料。布朗大学嗅觉心理学专家蕾切尔·S. 赫兹（Rachel S. Herz）在实验室开展的研究也补充了韦德金德的研究。她的研究表明，女性认为体味是最吸引人（或最令人反感）的男性生理特

---

* 哈特莱特兄弟教会，又译作“胡特尔派”，是基督教新教再洗礼派的一个分支。

† 摩门教徒，一般指相信约瑟·斯密和《摩尔门经》的信徒。

征。[50]赫兹的研究表明，如果一个女人觉得男人自然的体味闻起来“不对”，那么无论他别的品质多么耀眼，她都不会想和他做爱。赫兹没有研究受试者的MHC基因，但她强烈怀疑，女性对某些气味的偏好很可能取决于男性体味所代表的免疫系统基因是否与她自己的基因互补。

然而，并非所有的证据都能清晰地联系在一起。对尼日利亚约鲁巴人和南美洲原住民的研究则没有发现配偶选择受到了伴侣MHC基因的影响。[51]其他研究表明，MHC基因带来的气味偏好确实会影响一个人对异性的性吸引力的判断，但影响的方式比之前的假设要复杂。除此之外，早期生活经历似乎可以改变这种偏好。

一项实验强有力地支持了这一观点。[52]实验中的雌性老鼠一出生就被研究人员从自己的窝里取出，并被放到了其他母亲的窝里。雌性老鼠成熟后，不会和由同一个母亲哺育长大的雄性交配，虽然它们毫无亲缘关系（你可以称之为“继兄弟”）。与自然规律相反，雌性老鼠反而会选择自己的亲兄弟交配。这表明，我们幼年时期身边人的气味会在大脑中留下持久的印记，定义我们的亲缘感和长大后认为具有性吸引力的气味。自然界的经验法则可以这样总结：如果对方闻起来像是和你一起长大的人，那就去找别的性伴侣。

当然，目前在人类身上还没有开展过类似的实验，但是有间接证据表明，类似的嗅觉印记可能也存在于我们身上。众所周知，在基布兹*等公共环境中一起长大、毫无亲缘关系的孩子，彼此之间几乎从来不会结婚，也许是因为他们从婴幼儿时起就熟悉彼此的气味，所以嗅觉错误地将他们彼此标记为手足。法律对乱伦有一种定义，而大脑可能有另一种定义。

亿万年前，远在人类尚未出现的时候，性可能就是一种演化出来抵御寄生虫的手段。[53]要理解我这样说的原因，请考虑除此之外的另一种情况：无性繁殖，又叫克隆。这是单细胞生物——如细菌——喜欢采用的策略，它只要简单地一分为二，产生与亲本相同的复制体即可。因为克隆繁殖的速度惊人，有益的突变会迅速累积，让它们能够攻破宿主的防线。我们这样的多细胞宿主复制速度太慢，不能依靠新的突变来保护自己，我们需要更好的防御。

根据进化生物学家利·凡·瓦伦（Leigh Van Valen）和威廉·D. 汉密尔顿（William D. Hamilton）在 20 世纪 90 年代提出的流行理论，性是应对这一挑战的有效方法。该理论在短暂地失势后，近来得到了野生和实验室环境中动物研究者的支持，因此似乎又流行了起来。[54]理论支持者认为，性之所以改变了整个局面，原因很简单，即基因每次由父母传给后代都会被重新组合。[55]以人类为例，这

---

* 基布兹，以色列的一种集体社区，社区居民采用共同生活模式。

些基因中包括了200多个组成MHC的基因，这些基因就可以通过数十亿种不同的组合遗传。[56]多亏了性行为，我们每个人在生物学上才都是独一无二的。这意味着，你和你的邻居对病原体的易感性会有所不同。当致命的昆虫来到镇上时，人们不会都被杀死。即使是2014年年底烈性病毒埃博拉肆虐西非时，也有大约30%的感染者在很少或根本没有医疗服务的情况下成功从这场灾难中存活了下来。[57]这些幸存者中可能有许多人缺少一种细胞表面分子，而病毒必须附着在这种分子上面才能入侵细胞。[58]

我们不是克隆体，因此我们身上有着不同的攻击目标——各种细胞表面分子是不同病原体的停靠点。这些标记在人群中的普遍程度会随着感染情况剧烈波动。[59]病原体会进行疯狂杀戮，不过一旦锁定目标，就会降低停靠在其他分子（以及携带它的人）上的频率。这时，病原体的破坏力下降，直到它变异成一种新的毒株来瞄准不同的目标。与此同时，在随后的几代人中，携带第一种标记的人的数量可能会再次增加，因为迅速演化的病原体现在正在追逐其他“猎物”。凡·瓦伦和汉密尔顿推测，这样，人类与其他有性繁殖的动物就能领先追在我们后头紧咬不放的寄生虫一步。因此，我们一轮又一轮地彼此追逐。[这个理论被称为“红皇后假说”，以刘易斯·卡罗尔（Lewis Carroll）的童话《爱丽丝镜中奇遇记》中的角色命名。红皇后对爱丽丝说："你要用尽全力跑，才能保持在原地。"]

这个假说吸引人的地方在于，它可以解释一个深奥的谜题：性这样缓慢而低效的复制方法，需要付出相当大的努力，要采取扭曲的姿态，还要有心甘情愿的伴侣。这样的有性繁殖如何能与克隆比肩？想想看：细菌在一天内轻松产生的后代比人类一千年里产生的都多。然而，性却让我们能够与细菌在同一个舞台上竞争。[60]

睡眠也是令许多伟大头脑感到困扰的难题，因为它的演化优势就像性一样远非显而易见。[61]我们进入深度睡眠时极易受到捕食者的攻击，而且长时间的休息也减少了人类寻找食物、寻找伴侣和照顾孩子的时间。那么，为什么要在这种危险又低效的行为上花费这么多时间呢？

一个新理论认为，睡眠会将人们醒着时用于维持活动的能量分拨给免疫系统。[62]回想一下，人们在对抗感染时会睡得更多，这是为了满足防御系统对"燃料"不断增长的需求。即使在和平时期，军队仍然需要补给休整。的确，免疫细胞以极快的速度吸收营养，而且更新率很高。粒细胞是一种主要的免疫细胞。它的寿命非常短，因此每隔两到三天就必须更换一次。根据这种观点，即使在我们身体健康的时候，每天确保有一段休息时间，来满足"战争机器"维持备战状态所需的高昂能量成本，也是至关重要的。

睡眠免疫理论又被称为“母亲的智慧”。母亲们一直叮嘱自己的孩子要睡个好觉，她们靠直觉就抓住了睡眠对保持健康的必要性。该理论也获得了几个领域的研究支持。

动物研究表明，睡眠不足确实会增加动物对感染的易感性。与该观察结果一致的是，在接种疫苗之前或之后，睡眠不足会让身体的免疫反应功能减弱一半，从而大大降低接种疫苗的保护性作用——你下次准备接种流感疫苗的时候可要记住这一点。或许，睡眠能增强我们对寄生虫抵抗力的最有说服力的证据来自查尔斯·纳恩（Charles Nunn）和布赖恩·普雷斯顿（Brian Preston）领导的国际演化生物学家团队的研究。该团队收集了26种哺乳动物的睡眠习惯数据，从绵羊短短的3.8个小时到刺猬奢侈的17.6个小时，睡眠时间不等。科学家测量了动物血液中流动的免疫细胞数量后发现，在这些物种中，更多的睡眠与更强的免疫功能密切相关。此外，动物打盹的时间越长，受寄生虫感染的水平就越低。

传统的睡眠理论强调，在巩固记忆、学习、清除大脑产生的废物方面，睡眠十分重要。这些观点也得到了有力的支持，看来睡眠可以同时让大脑和免疫系统恢复活力。

这意味着睡眠不足——就像我们许多人常做的那样——可能会引发双倍的问题。

动物不仅通过特定的行为方式来降低感染风险，其中机智的成员也会利用栖息地的化合物来实现这一点。某些动物懂得如何选择药用植物，这尤其令人印象深刻。有趣的是，本杰明 · 哈特说它们的选择标准与传统治疗师的标准相同，两者都倾向于寻找苦味植物来治疗感染。[63]哈特收集了 22 种草药的味道信息后，发现有 16 种草药味苦，一些治疗师会将它们苦的程度与治疗的效力等同起来。这是有科学基础的。苦味是毒性的度量，所以这些化合物通常能有效地杀死细菌、肠道蠕虫和其他寄生虫。

"良药苦口"的说法印证了这个不幸的事实，即有效的治疗草药往往味道不好。电影《欢乐满人间》的主角玛丽 · 波平斯（Mary Poppins）建议用一勺糖来帮忙把苦药咽下去。现代制药工业试图用葡萄和樱桃味来掩盖药物的味道。然而自古以来，人类就忍受着这些可怕的药剂，但仅限于生病时，否则我们就会把它吐出来。

某些种类的虎蛾毛毛虫在生病时也会改变自己的食物偏好。[64]它们通常不吃味苦的车前草，但是当它们被寄生虫寄生时，就会突然产生对车前草的渴望。事实证明，植物叶子中的毒素可以毒死寄生虫。

野生黑猩猩表现出了一模一样的倾向。灵长类动物学家迈克尔 · A. 霍夫曼（Michael A. Huffman）报告说，当黑猩猩腹泻或出现其他明显的感染迹象时，它们会离开正常路线，走很长的弯路去寻找斑鸠菊——一种具有毒性，味道苦涩的植物。该植物中含有能抑制变形虫、细菌病原体和肠道蠕虫生长的化合物。生病的猩猩一旦找到了斑鸠菊，就会小心翼翼地剥去新鲜嫩枝的树皮，露出木髓并吮吸苦涩的汁液。动物群体中健康的旁观者可能会看着它吞咽汁液，但自己却不会参与。[65] 霍夫曼还观察到，年幼而好奇心强烈的个体，有时需要经受一些挫折，才会拒绝尝试斑鸠菊：当一只小黑猩猩看到生病的成年猩猩扔掉一根残余的斑鸠菊木髓时，会试图捡起来，显然也想尝一尝。但它的母亲会一脚踩在木髓上，然后把它拖走。

古德尔记录了一个类似的故事：她为了哄生病的黑猩猩服用苦味抗生素，将药物塞进了香蕉里。[66] 患病的动物很容易就把水果、药物等全部吃下去了，但是健康的群体成员只会吃纯粹的香蕉。

众所周知，食草动物吃各种各样的叶子、浆果、水果和其他具有药用价值的植物。[67] 并不是所有药用植物都是味苦和有毒的，即使确实如此，也只有轻微的毒性。因此，这些植物可能是动物日常饮食的一部分。野姜科的非洲豆蔻就是一个很好的例子，它的味道辛辣刺激。非洲豆蔻占据了西部低地大猩猩饮食中的很大一部分，这些大猩猩以它的木髓和豆荚为食。植物化学家约翰 · 贝里（John

Berry）已经证明植物的这些部分富含抗菌化合物，其作用方式类似于窄谱抗生素。这意味着它们不会滥杀细菌，而是在促进健康肠道细菌生长的同时，遏制沙门氏菌和志贺氏菌等致病菌株的生长。

西非的一些村民也食用非洲豆蔻。[68] 按照习俗，主人在客人来访时通常会端上非洲豆蔻的豆荚，又名“天堂椒”，就像北美人会端上一碟花生当点心一样。此外，这种植物被视为一种药物。在乌干达，人们服用非洲豆蔻来治疗细菌、真菌和肠道蠕虫引发的感染。[69]

食物和药物之间的区别可能很模糊，尤其是在我们大多数人已经习以为常的烹饪传统中，比如在菜肴中加入少许或这或那的香料。[70] 康奈尔大学进化生态学家保罗·谢尔曼（Paul Sherman）和他的研究生珍妮弗·比林（Jennifer Billing）的研究显示，这些调料中有不少也发挥了抗菌剂的双重作用。这种优势在冷藏技术发明之前具有巨大的价值，他们认为这很有可能是君主为了得到香料，派遣大批人去打仗、出海和探索新大陆的原因。科学家收集到的30种香料数据中，所有香料都至少杀死了四分之一的细菌物种。其中一半的香料抑制了75%的细菌生长。一些使用最普遍的香料——大蒜、洋葱、多香果和牛至，杀死了测试过的每种细菌。

奇怪的是，研究人员发现胡椒只有微弱的抗菌作用。[71]

该如何解释它这样受欢迎的原因呢？研究显示，它与其他香料协同作用可以极大增强它们的杀菌能力。“四香料”就是一个很好的例子。它由胡椒、丁香、生姜和肉豆蔻组成，这些香料在法国经常被一起使用，尤其是在制作香肠的时候，因此人们常用“四香料”来指代它们的混合物。肉毒杆菌可以产生致命的肉毒毒素，香肠就是它极佳的生长基质，因此用任何一种陈旧的香料来调味可能都不够明智。就像科学家说的那样，其他著名的香料混合物，如咖喱粉（22 种香料组成）和辣椒粉（10 种香料组成），同样也是“广谱抗菌混合物”。

由于食物（尤其是肉类）在炎热的天气下腐烂得更快，[72] 谢尔曼和比林预测，过去香料使用量最多的地区应该位于热带。他们通过梳理几个世纪前烹饪书籍中成千上万种肉类食谱的调料来验证这个想法。不出所料，在气候温暖的国家，特别是泰国、印度、希腊和尼日利亚，所有传统肉类菜肴都至少使用了一种香料，有的甚至用到了 12 种香料或更多。相比之下，我们来自寒冷地带的祖先饮食要清淡得多。例如，斯堪的纳维亚三分之一的传统肉类食谱根本不需要香料。他们随后对只包含植物的传统菜谱开展了研究。因为相比肉类，植物对细菌没那么有吸引力。[73] 结果发现，这些菜谱比肉食配方含有的香料更少，这进一步支持了谢尔曼和比林的假设。

一个更难解释的问题是，为什么会有人一开始就想到要使用香料。毕竟，这些香料很少或根本没有营养价值，而且本身也不是很好吃。

鉴于就连动物生病时也会被味苦的食物吸引，一种可能的情况是，香料首先作为药物被人们所食用。仅举大蒜、姜黄、生姜和孜然这几个例子，它们其实在古代的民间疗法中就占据了显著的地位。[74]少量的香料混在肉类里味道更好。换言之，就是将它们和食物一起服用，能够提高病人的适应性（想想玛丽·波平斯说的加“一勺糖”）。

无论最初促使早期人类摄入香料的原因是什么，应该有许多因素都有助于将其纳入人们的日常饮食。正如谢尔曼和比林所言，食物中加入香料这种习俗不仅减少了食物传播的疾病，而且可以使食物保存得更久，这一特性在食物短缺的时候是一个巨大的优势。

此外，加了香料的菜肴味道可能更好，至少有些人是这么认为的，这也推动了它们被更广泛的人群接受。使用过香料的家庭可能会向邻居宣传它们的诸多好处。香料的另一种文化传播方式可能发生在子宫里。我们知道，婴儿在母亲孕后期会通过喝羊水来摄取营养。[75]婴儿出生后，会对自己出生前尝过的味道表现出偏好。谢尔曼和比林提出，人们对香料的热情甚至可能遗传。[76]早期的香料爱好者，尤其是炎热地区的居民，比不吃香料的人繁衍了更多后代。“美食达尔文主义”，谢尔曼和比林在《科学美国人》的一篇文章中简洁地评论道，可以解释“为什么有些人爱吃辣”。

在食物中添加香料可能是预防医学的早期案例，但是还有一些能够降低食物中毒风险的烹饪方法，它们的历史和香料相比，即使不是更悠久，起码也差不多古老。我们大多数人对这些烹饪方法都很熟悉，包括腌制、烟熏，还有最重要的烧烤。50 万年前才在尼安德特人居住的营地里出现了人类首次用火烹饪的明确记录，这仍然是消灭食物里潜藏细菌最普遍的方法。[77]

动物缺乏像我们这样保存和烹饪食物的能力，它们当然必须采取其他措施来防止食物传播的感染。狗和猫使用的一种方法就是吃草。按照本杰明·哈特的解释，狗和猫这样做是为了“将肠道蠕虫从它们的系统中清除出去”[78]。这些动物通常不知道自己体内是否有肠道蠕虫，所以它们偶尔会将吃草作为一种预防措施。小猫和小狗的体型小，它们特别容易受到消耗能量的寄生虫的影响，所以它们最常这样做。宠物从它们的野生祖先那里继承了这种行为。例如，狼和美洲狮经常吃草，它们的粪便中大约有 2%—4% 的成分都是草，有时其中还夹杂着一并带出来的寄生虫。根据灵长类动物学家霍夫曼的说法，食用树叶的行为可能在黑猩猩、倭黑猩猩和低地大猩猩身上产生着同样的作用。[79]猩猩选择的树叶表面总是覆盖着难以消化的毛刺，它们也从不像吃东西那样去咀嚼树叶，而是将树叶整片吞下去，有时甚至可以一次性吞下上百片树叶。霍夫曼认为，这些膳食纤维极大地加快了食物通过胃肠道的速度，清除了它们体内至少两种寄生虫。

当动物家园受到害虫侵袭时，动物们没有驱虫员可找。不过幸好一些动物已经找到了处理这些问题的方法，这种方法实际上和我们的方法没有太大的不同。一些鸟类和老鼠，尤其是一代又一代重复使用同一个巢穴的物种，会用有毒的蒸汽赶走那些不速之客——这是许多生物学家目前的观点，他们将这种策略称为“熏蒸”。[80]在这些动物的繁殖时期，人们经常可以看到它们用新鲜的树叶来装饰巢穴内部，把新叶子编织到旧的铺盖或上一季的茅草窝里去。“它们可不是在附近随便抓一把绿色枝叶，”哈特说，“它们会寻找芳香浓郁、富含挥发性化学物质的叶子。这些特征标志着植物是很好的杀虫剂、杀菌剂和抗菌剂。”飞蓬（fleabane）就是因为这种功能而为鸟类所喜爱，古代草药学家以其驱蚤的特性为之命名。[81]暗足林鼠则更喜欢加州月桂，它们通过啃咬月桂的叶子来释放有毒烟雾。[82]昆虫学家会在杀虫罐里加入月桂，[83]他们说，用月桂处理后的昆虫标本被钉在展板上时，能更好地抵抗霉菌。这表明，林鼠也有可能把月桂叶当作杀真菌剂。在与鸟类相关的野外实验中，如果研究人员从它们刚装饰好的鸟巢中把新鲜的嫩绿枝叶移除掉，结果可想而知。例如，有一个八哥的鸟巢就被螨虫所侵占。[84]

大自然的药典中包含了大量杀虫抗菌物质，动物们都会利用其有益特性。[85]野生科迪亚克熊等一些棕熊会挖出川芎的根，通过咀嚼来释放其中的挥发油，然后将咀嚼过的膏状物混入自己的毛皮中。这显示出川芎根部具有药用价值。纳瓦霍人把它用作抗菌剂和麻醉药膏，在他们的传说中，是强壮的野兽教会了他们川芎根部的治疗功效。

巴拿马的白鼻浣熊是浣熊的表亲，它们会长途跋涉去寻找一种散发着薄荷醇气味的树脂，然后用爪子把它涂遍全身。[86]化学测试表明，这种树脂中的化合物可以驱除跳蚤、虱子、蜱和蚊子。

动物并非只使用植物性的药物。委内瑞拉的黑带卷尾猴会在千足虫上滚动身体，刺激千足虫释放防御性毒素，然后用大量口水将这种化学物质疯狂地涂抹在自己的皮毛上。千足虫演化出来的毒素能击退它们的昆虫天敌，因此卷尾猴实际上是在偷取它们的“杀虫剂”。

大约有 200 种鸟类采取了类似的策略。它们用喙碾碎蚂蚁，让蚂蚁释放“驱虫剂”，然后用蚂蚁摩擦羽毛。

我们脚下的土地也是一种非常珍贵的天然药材。它保护肠道免受一系列通过食物和水传播的病原体的侵害，这是全世界成千上万的动物和人所追求的特性。[87]这种强效药剂就是泥土。

人类和动物都对自己咽下的泥土非常挑剔。[88]他（它）们对婴儿在探索周围环境时摄入的粗糙黑色表层土壤嗤之以鼻。人们渴望的具有药用价值的泥土通常藏在地下10—30英寸的深处。[89]这些土壤一般呈浅色，其中具有高含量的黏土。黏土的化学成分与高岭土类似甚至相同。高岭土是"果胶制剂"——世界上最畅销的治疗腹泻和恶心的药物——原始配方中的活性成分。这种黏土的分子结构可以牢牢地抓住病毒、细菌和真菌，随后这些物质都会随着我们身体内的废料一起排出。[90]这些化合物同样会与病原体产生的毒素和主食作物中的有毒化学物质相结合。药用黏土的益处还在于它们细腻光滑的质地可以覆盖肠道黏膜内层，使人体这道天然屏障有效抵御寄生虫入侵者，如变形虫、蛔虫和扁形虫。

对坦桑尼亚马哈勒山脉国家公园的五只野生黑猩猩的大量实地观察表明，它们在患上腹泻和其他胃病时会从白蚁堆中抓一把黏土。[91]《野性的健康》（*Wild Health*）一书的作者、生物学家辛迪·恩格尔（Cindy Engel）说，大猩猩、大象、犀牛和鹦鹉等食草动物会通过各种来源——如被侵蚀的河岸、布满粉尘的火山岩以及荒芜的大片土地——来获得黏土。黏土让它们得以从植物中提取原本毒性过强的营养，但是恩格尔相信，这些动物也受益于黏土可以清除它们体内的寄生虫。她报告说，因为老鼠不会呕吐，所以黏土对老鼠特别有价值。当实验老鼠氯化锂中毒时，它们只要有机会就会立即吃下黏土。研究人员推测，如果老鼠出现由病原体引发的胃部不适时，也会这样做。

人类起码早在古希腊和罗马时期就开始食用黏土。[92]这个被称为“食土”的习俗，在每个大陆上的传统社会中都存在并延续至今。[93]澳大利亚土著从白蚁堆中提取药用泥土。在撒哈拉以南的非洲地区，人们将在阳光下烘烤、风干或加热的泥土放在市场上出售，用于治疗消化系统疾病和孕吐。奴隶将这一习俗带到了美国南部的农村，当时的美洲土著已经接受了这种方法，后来贫穷的白人也开始这样做了。这些人被称为“舔沙人”“沙丘人”和“乡巴佬”。尽管近年来食土癖被谴责为恶心和非正常，但它在美国并没有消亡。许多食土者说他们就是无法抗拒泥土的丰美、可口的香气以及土在舌头上“像巧克力一样融化”的感觉。[94]“在我怀孕的时候食土，”一位美国食土爱好者告诉《时代》杂志，“那感觉就跟兴奋了似的。”[95]

一项强调黏土在抗击感染中的重要性的全球调查[96]表明，食土的现象在寄生行为高发的热带区域最为普遍，在不利于寄生虫生长的温带地区急剧减少，而在极地则极其少见。康奈尔大学的食土研究专家塞拉·L. 扬（Sera L.

Young）是《渴望土壤》（*Craving Earth*）一书的作者，她也是该调研小组的组长。她说目前服用黏土的最主要群体是孕妇。[97] 在她看来这是有道理的，因为当胚胎处于发育期，体内细胞迅速分裂时，病原体和食物内有毒物质的威胁性最强。[98] 此外，在怀孕的前三个月，不仅胎儿被这些物质伤害的风险很大，母亲也是如此。[99] 为了防止母体排斥胎儿，母体免疫系统也受到了抑制。毫不意外，经常有印度和非洲的女性说，她们是因为发现自己对土壤有难以抑制的渴望，才意识到自己怀孕了，许多女性还发誓说食土可以缓解孕吐。学龄儿童是食土的第二大群体，这也许是因为长身体的时候，快速的细胞分裂使他们更容易受到病原体和有毒物质的伤害。

如果这种对泥土的赞誉让你也想试一试，你可以像我一样在网上从食土者最喜欢的供应商（“外婆的佐治亚州白泥”）那里购买。泥土会被小心翼翼地装在一个没有标记的包裹里送到你家。当然，该公司为了规避法律风险，将土壤当作一种新奇的商品而不是食物进行销售。打开包裹之后，我发现这看起来像是在小石块上撒了一层白色的细粉。我有些害怕地咬了一口，感觉就像在嚼粉笔，只是质感更加油腻。佐治亚州白泥在我看来绝非令人垂涎的美食。在试图吞咽了一两次后，我把土壤吐了出来，然后漱口——不止漱一次，而是好几次，因为我似乎无法清除舌头上的薄膜状残留物。即使我用牙刷将它刷洗干净后，油性残留物仍然挥之不去，这也解释了它为何能如此有效地覆盖胃肠道，形成一个防卫寄生虫的持久屏障。如果我当时肚子疼，或者如果妈妈在怀我的时候服用过黏土，我或许会觉得佐治亚州的白泥更可口一些。我怀疑人们对黏土的喜爱就像对香料的喜爱一样，可能是在母亲子宫里的时候就培养出来了。

在这一章中，我证明了人类与生俱来的疗愈和保持健康的能力并非独有。但是，请注意，人类拥有地球上所有生物中最先进的行为防御系统，我们在这方面绝对是独一无二的。我们在没有现代医学帮助的情况下检测和躲避寄生虫的能力很了不起。我将在下一章聚焦这种“能力”，或者更确切地说是“感觉”。它不止能保护我们免受微小寄生虫的侵害，更令人吃惊的是，它还能帮助我们远离人类形态的“寄生虫”——你可以称之为“社会寄生虫”。

Chapter

< 9 >

第九章　被遗忘的情感

如果不是在非洲、印度或其他发展中国家，瓦莱丽·柯蒂斯（Valerie Curtis）很可能就在伦敦卫生与热带医学学院的总部。[1]那是一座优雅的古建筑，外墙用虱子、跳蚤、蚊子和其他折磨人类多年的生物图像做装饰。柯蒂斯的办公室里放了许多令人厌恶的生物、呕吐物、断掌、恶心的疙瘩、老鼠和粪便等栩栩如生的复制品，她将这些东西堆在抽屉里或者架子上。桌子上显眼的地方摆着一尊镀金的粪便雕像。

当我注视这尊雕像时，柯蒂斯说"这是金屎奖奖杯"。我们当时正在视频聊天，所以她把奖杯举到摄像头前让我看得更清楚一些。以前每年都会在伦敦市中心举行一个仪式，将"金屎奖"授予卫生英雄以表彰他们在遏制腹泻疾病方面的成就，该疾病是发展中国家儿童的主要杀手。柯蒂斯说她之所以萌生设立该奖项的想法，是因为她一想到人们在为贫困群体提供足够的厕所方面做得还不够多就感到沮丧，她认为这一失败是因为人们不愿意谈论身体排泄物。令她高兴的是，《时代》杂志写到了这个奖项并清楚地抓住了她的用意。柯蒂斯转述了这篇文章的要点："是谈论大便更吓人，还是因为我们不谈论大便而导致孩子夭折更吓人？"

柯蒂斯不但是一位立志改善发展中国家个人卫生和环境卫生条件的斗士，她还自称为"恶心学学家"——研究"恶心"心态的专家。她和许多科学家相信，这种心态是保护我们免受寄生生物侵害的演化机制。恶心经常伴随着"呸！"或者"呕！"等语气以及不安和害怕的感觉，让我们害怕任何可能致病的事物。在她看来，大便之所以是禁忌，正是因为它就是一堆细菌。若非如此，我们可能不会介意它的气味，而且也会乐意谈论它。

柯蒂斯不知道动物是否也会有恶心的感觉（她指出这一点很难证明）。[2] 她怀疑有些动物可能有。事实上，这或许可以支持本杰明·哈特和其他人记录的许多不同物种的行为防御。然而事实即便如此，动物有限的想象力会大大削弱恶心感的保护价值。正是人类的大脑让"恶心"成了我们强大的细菌防护屏障。

柯蒂斯指出，随着我们对环境中的潜在污染物越来越了解，我们会给它们贴上"恶心"的标签。[3] 我们只要一想到它们就会感到不适，并且会躲避这一系列不断扩张的危险。"恶心是一种挥之不去的感觉。"柯蒂斯强调。

尽管这种感觉与人类有关，但它其实非常令人困惑。

首先，我们对它的体验取决于环境。血液和内脏可以传播许多疾病，因此它们令人作呕。但是我们如果在战场上看到它们，这景象激发的可能更多是恐惧而不是厌恶。

为了帮助人们搞清楚"恶心"的秘密并深刻理解它，柯蒂斯将自己的塑料大便和万圣节似的恐怖道具带到教室和其他场所。蟑螂为什么令人恶心？她一边问一边在观众面前晃动着一只人造蟑螂。为什么这个眼球很恶心？这只老鼠呢？

令人惊讶的是，大多数人无法解释他们对这些事物的厌恶。按照柯蒂斯的说法，一个典型的答案是："我不知道。它就是很恶心！"

这个问题比表面看上去要棘手得多。因为让人类感到厌恶的是"一个非常奇怪的混合体，里面包括肮脏、泥泞、恶臭、黏腻、蠕动的东西"，虽然其中一些东西，例如腐肉、凝结的牛奶和呕吐物，都很容易与疾病联系在一起，但还有许多东西与疾病的联系并不明显。

柯蒂斯和她的学生广泛调查了全球165个国家的人们觉得恶心的东西（其中仅一项研究就有16万参与者），调查中不断蹦出来许多奇怪的东西。[4]

例如痤疮。它不会传染，为什么会让人感到恶心呢？答案可能是，痤疮有些像与天花、麻疹和水痘等疾病相关的脓疱。

老鼠、蟑螂、蜗牛和海藻普遍被认为是令人厌恶的，但它们都不是寄生虫。柯蒂斯认为它们之所以能进入这个列表，是因为它们可以传播病毒和细菌感染，传播胃肠道细菌、寄生虫和霍乱。

蚯蚓无害，但是许多人都不敢碰它们。柯蒂斯认为，人们觉得蚯蚓恶心，是因为它们看起来很像鱼和肉中的寄生虫。如果把这些寄生虫吞下去了，它们就会钻入我们的肠道。

这些恶心的东西我可以不停地说下去，但我肯定你不会希望我这样做。那么我就再讲最后一个让人恶心的奇怪例子：一簇一簇的细小孔洞。[5]孔洞的某种排列方式会让柯蒂斯感到恶心，她并不是唯一有这种感觉的人。许多人都有这种厌恶感，它甚至有一个名字：密集恐惧症。“这些孔洞激发了人们的厌恶感，因为它们的排列方式类似于昆虫在人类或动物皮肤上产卵的方式。”柯蒂斯解释道，“就像一个蜂窝的图案。”她的声音忽然颤抖了起来，她显得有些虚弱。“我不想再谈论这个问题了，”她突然说道，“我鸡皮疙瘩都起来了，头皮发麻。”她本想研究密集恐惧症，她说，“但我受不了，那太可怕了。”

我们是不是天生就会厌恶某些东西呢？比如一簇簇的小洞？还是我们会从自己的特殊经历或是从更广泛的文化中了解到自己的厌恶所在？

恶心学学家们对这个问题持有强烈的观点，但却很难找到确切的答案，部分原因是科学界在研究情感方面起步很晚。在过去的一个世纪里，大量的典籍都与愤怒、沮丧、恐惧和乐观有关。但是“恶心”却无人问津，尽管它对我们有着原始的、深刻的力量。柯蒂斯说恶心被称为“精神病学中被遗忘的情感”。

我觉得，或许科学家也根本无法忍受这个话题。“恶心”太让人恶心了，简直没法儿研究。我经常把柯蒂斯自己不愿意研究密集恐惧症当作一个例子。

“我认为你说得对，”她说，“而且这种研究常被认为是个笑话。你很容易(因为研究这个问题)被污名化。‘哦，她就是那位恶心女士。’或者，‘她就是那位大便女士。’”尽管伦敦卫生与热带医学学院致力于传染病研究，柯蒂斯却很难说服她的同事接受该领域的合理性。“他们很想知道，我究竟为什么会对恶心这个问题感兴趣。现在他们明白了，而且也喜欢上这个问题了。他们现在清楚我为什么应该研究这个领域了。但是当我刚开始研究时，他们都以为我疯了。”

几个世纪以前，查尔斯·达尔文（Charles Darwin）是少数几个注意到“恶心”的科学家之一。[6]在他的著作《人类和动物的情感表达》（*The Expression of the Emotions in Man and Animals*）中，他描写了恶心典型的面部表现：

嘴角垂下，舌头外伸，好像在排出什么污秽的东西；眯着双眼，鼻子紧皱，将鼻腔关闭；通常还会发出“吁”的声音，这实际上是在呼气：将被污染的空气从嘴里排出来。

为了寻找这种情感的演化基础，达尔文几乎给每一个大洲的同事都写了信，询问当地人如何表现恶心的感觉。他根据收到的报告总结道，世界各地的人们表达恶心的方式都一样。

达尔文向来是一位敏锐的观察者。他认为人们有时仅仅是想象一些令人作呕的画面，比如吞下恶心的东西，就能引发实际的呕吐，这种现象很有趣。[7]他还有一个非常重要的观察结论：人们对恶心的反应与他在蔑视行为冒犯的人时的反应密切相关。说到这里，有趣的一点是，柯蒂斯的调查问题“你觉得什么恶心”所引出的答案不仅局限于寄生虫领域，其中还包括腐败的政客、恋童癖者、傲慢的欧洲人、打老婆的人，以及其他通常会令人憎恶的群体（美国人要是知道他们在这个“恶心诱发物”的清单上名列前茅可能会感到不安）。我将在后面几章中详述，这种对某些人或某种行为感到恶心的倾向对文化的产生有着重要的影响。

尽管达尔文极具洞察力，他只提到过一次被污染的肉会引发恶心，这是唯一一丝线索暗示他可能明白“恶心”的感觉可以抵御感染。[8]达尔文这种少见的短视是可以理解的。他那本关于情感表达的著作出版于1872年，比路易斯·巴斯德和罗伯特·科赫（Robert Koch）建立起疾病细菌理论的开创性实验要早几十年。

此后一个多世纪过去了，“恶心”才成为科学研究的焦点。[9]心理学家保罗·罗津（Paul Rozin）被尊称为“恶心学之父”，他是第一批进入这个沉寂领域的研究人员。他总结称，情感的演化是为了保护我们免受食物中毒和苦味毒素的伤害，[10]但除此之外很大程度上是由文化决定的。他还设计了巧妙而有争议性的实验来探究人们对污染的感觉。其中我最喜欢的实验是，他让受试者服用狗粪形状的软糖或漂浮着无菌蟑螂的橙汁。[11]他的“人类小鼠”并没有食用的兴趣。他总结称，这就证明了原始的民间信仰塑造了我们对污染的看法，诸如我们吃什么就可能变成什么，以及一个东西的性质可以被传给任何与它接触的物体。

罗津对恶心的开创性研究激起了人们对这种长期被忽视的情感的兴趣，他对这个问题的著述仍然具有巨大的影响力。[12]但就连他自己也承认，他对恶心本能的基础狭隘看法已经不再有优势。如果说现在有什么不同，那就是随着进化心理学家和神经科学家涌到这个领域，观点的钟摆已经转向了相反的方向。按照这一派的观点，我们生来厌恶的东西远不止味道难闻的食物。该阵营的科学家说，主要的恶心诱发物到底有多少，以及如何最合适地将它们分类，这些问题仍然存在争议。但是当人们遇到恶心诱发物时，大家会迅速又自觉地远离它们，而不会依赖理智。柯蒂斯说："人们脱口而出的'呕！'并没有什么理智可言。"[13]她的研究对修正这种思维起到了关键作用。此外，仅是文化并不能轻易解释，为什么世界各地会有这么多让人厌恶的事物，包括那些贫穷偏远地区的人，他们对细菌一无所知，但他们反感的东西也与传染病有关。

虽然人们对"恶心"的观点明显不同，但对立阵营之间的某些不合可能只是表面性的，而非实质性的。例如，罗津认为，构建了人们污染意识的民间信仰很有可能建立在本能之上。毕竟，我们可以反思自己的行为和冲动，这是其他动物做不到的。哈佛心理学家史蒂芬·平克（Steven Pinker）称恶心为"直觉微生物学"，他指出"细菌通过接触传播"，所以，"人们永远都讨厌接触恶心的东西就并不奇怪了"。[14]

不过，该领域的发现是有限制的，没有人认为我们来到这个世界的时候就自带了对事物特定程度的厌恶，而对外界的影响完全免疫。"生活经历当然会造成差异，"[15]柯蒂斯说，"文化当然会造成差异。你个人的性格当然也会造成差异。因此，两个人在相同的经历下可能会有完全不同的反应。"

柯蒂斯在著作《别看，别碰，别吃》（*Don't Look, Don't Touch, Don't Eat*）中流利地阐述了她对恶心的观点，该书将这种情感的文化和生物学视角编织成一幅连贯又吸引人的图景。她认为恶心与人类的性欲本质上是相似的。每个人的性欲诱发和性兴奋程度各不相同，这种冲动及表现方式会随着人生经历不断改变，并且会被独特的经历和社会价值观改变。恶心的感觉也是如此。

远离潜在污染物的冲动在出生时并不明显，但在发育过程中会逐渐显现，这和我们的性欲一样。[16]恶心反应在婴儿蹒跚学步时出现，这可能是因为从那时起婴儿开始脱离父母，独自探索世界。这种特质此后将受到我们遇到的恶心事物影响。如果你曾在厕所里发现了一只死老鼠，或者在森林里偶然发现了一具严重腐烂的尸体，你可能会比一般人更讨厌老鼠或死尸。如果你吃了海贻贝之后病得很厉害，那么在未来许多年里你可能一想到这种海鲜就会感到恶心。[17]在柯蒂斯看来，我们会长期厌恶吃过后导致自己胃部不适的食物，这反映了大自然不愿意纵容那些好了伤疤忘了疼的人。

到我们成年时，文化也会影响我们觉得恶心的东西，尤其在饮食领域。[18]但柯蒂斯认为这最好也要在达尔文主义的框架内进行理解。虽然炖狗肉、炸蟋蟀和鲸脂在世界上某些地方很受欢迎，但在另一些地方会引发呕吐。不过柯蒂斯相信，这些令人吃惊的多样地方口味背后，存在着一种演化模式。你容易偏爱自己文化的烹饪习惯，因为至少在遥远的过去，遵循这种习惯有利于在当地生存。每个地方都有各种各样可以食用的独特植物和动物，还有安全烹调它们的传统（尽管柯蒂斯没有特别提到香料的使用，但这肯定是一个明显的例子）。如果食物中有一种你陌生的食材，尤其当它还是容易腐败的肉类时，这道菜很可能会不合你的口味。哪怕是咬一小口，你都会先非常担心地闻一闻。如果这道菜的气味、味道或质地让你稍有疑虑，你就会放下刀叉。柯蒂斯认为，每当大脑有疑问时，它的默认立场就是："最好坚持妈妈的烹饪方法！"

清洁的标准和性习俗也强烈影响着疾病的传播，它们就像饮食一样在世界各地都有很大的差异。[19]但柯蒂斯在这种多样性之下，再次发现了一种演化趋势：世界上每个地区的人都反感不良的卫生习惯和淫乱的性行为，这些行为传播感染的风险最高。研究恶心对性行为影响的实验为她的观点提供了额外的支持。[20]女性是最容易感染性病的群体。实验中，当她们看到人们咳嗽的图片、细菌在海绵上滋生的图画以及其他让人联想到感染的影像后，受试女性比那些看到其他种类威胁的人更支持传统的性价值观。在问卷调查中，男性和女性受试者被悄悄地暴露在难闻的气味中，二者都更强烈地表达出在性行为中使用避孕套的意愿。

性格为恶心的故事又添一层波澜。[21]我们在现实生活中都认识像漫画《花生》(*Peanuts*)里的角色乒乓那样的人——他们不太在意灰尘、厨房台面上放了两天的发霉比萨或自己臭烘烘的体味。与之截然相反的类型是讲究至极的人，他们一天淋浴三次，随身携带消毒湿巾，而且拒绝使用公共厕所。柯蒂斯认为，我们所有人都从父母那里继承了一系列基因，这些基因决定了我们在这两个极端之间的位置，甚至可能决定了我们对某类特定恶心诱发物(比如血液、内脏、病人，以及传播疾病的昆虫)的排斥程度。

恶心的感觉太多或者太少都会成为一种负担，因此处于两个极端的人很有可能会从基因库中被剔除。例如，长大成人的乒乓会很容易受到感染，而且他们的口臭、难闻的腋窝和满是虱子的头发可能会吓跑潜在的伴侣。相比之下，容易觉得恶心的人可能会对合适的蛋白质来源嗤之以鼻[22]——这在食物匮乏的时候可不是一个好主意，而且他们有患上强迫症的风险，强迫症在半数情况下都表现为对细菌和清洁的过分思虑。这些人也可能难以接受身体亲密接触的性行为，因为性行为会导致体液的混乱交融，这可能会进一步危害他们将基因遗传给下一代。事实上，三分之一的强迫症患者要么是处女，要么就已经多年没有过性生活了。柯蒂斯怀疑一些广场恐惧症症状(对拥挤空间的恐惧）和对社交场合极度害羞或感到不适的情况也可能类似于“恶心障碍”。其他符合这种标签的情况还包括血液注射伤害恐惧症（害怕注射器抽血以及药物被注射到体内）和拔毛癖（忍不住拔自己头发的强迫性冲动，有证据表明这可能是由人们对体外寄生虫的恐惧，及希望清除它们的强烈冲动引发的）。

如果柯蒂斯的观点是对的，你对恶心的敏感度，甚至可能有助于确定广泛使用的五大人格测试所衡量的人格主要维度之一——神经质，它与焦虑和抑郁密切相关。[23] 为什么一个看似害处多多的特征能够逃脱自然选择的剪刀手？这一直以来都令人感到困惑。柯蒂斯觉得“恶心”可能给出了这个难题的一部分答案。神经质得分高的人不愿意冒险，而且会不断搜寻查看有没有麻烦的迹象——这种心态会让他们只要看到有一丁点儿疾病迹象的人就马上离开，而且他们对处理肮脏的物品和食用过期食物会非常谨慎。当然，你会觉得神经质的人对许多其他类型的威胁也会保持警惕，包括意外伤害、危险的捕食者，还有挥舞着武器的人类。然而，这些威胁在过去很少会像从身体内部攻击我们的敌人那样对身体造成巨大危害。因此，如果避免疾病真的能算在神经质的额外好处里，那么这种特质的成本效益比就突然变得更优了。直接来说就是：情绪障碍在当今之所以如此普遍，可能是因为我们杞人忧天的祖先擅长躲避寄生虫——他们把焦虑的倾向传给了我们。

柯蒂斯预测，如果我们将聚光灯照向这种在精神病学中被遗忘的情感，不仅会增进人们对塑造个性的各种力量的理解，而且也会给精神疾病患者带来福音。[24]例如，那些由于对恶心过度敏感而患上广场恐怖症或性功能障碍的人，即使症状相似，但病因不同的患者能从不同的疗法中获益。

有趣的是，女性比男性对恶心更敏感。[25]按照柯蒂斯的说法，这可能是因为我们的女性祖先"背负了双重的责任，既要保护自己又要保护自己抚养的孩子免受感染"。女性更容易患强迫症、社交焦虑、恐惧症和情绪障碍的现象或许也与这个观察结果相关。[26]

我们的恶心感以及与之相关的弱点可能不仅受到性别、基因组成和生活经历的影响，还会受到其他冲动的影响。[27]饥饿是一味著名的开胃剂。如果你生活在一个食物短缺的地方，比如北极圈附近，那么即使是腐烂的鲨鱼肉干，只要烹饪得宜，尝起来也会很好吃（冰岛人把这种小吃称作 hákarl——发酵鲨鱼肉）。在万不得已的情况下，就算发酵鲨鱼肉没有被好好烹调你都会吃下去，因为自然选择会根据对生存最紧迫的威胁来决定冲动的优先级。

正如饥饿有时会压倒恶心，欲望也是如此。在帮助我们的祖先克服对生殖过程中体液交融的忧虑上，这种适应可能至关重要。[28] 为了支持这一观点，柯蒂斯指出了一项在加州大学伯克利分校开展的实验，在该实验中，男性学生被要求预测在给定的几种情况下对做爱的享受程度。接下来，他们被要求手淫到接近高潮的状态，并再次对同一份问卷做出回答。结果，他们此前觉得扫兴的性行为在性欲高涨的状态下突然变得更有吸引力。

在女性中也有类似的发现。[29] 在荷兰格罗宁根大学开展的一项研究中，女性受试者观看了一部引发性欲的影片，而对照组观看了跳伞这样让肾上腺素升高的运动片段。与对照组相比，那些看过色情影片的人对处理用过的避孕套和清洁情趣用品等要求没有那么反感。

恶心学现在正扩展至各个领域，让人们对人性有更多的了解，包括我注意到的一个自己的怪癖，这个怪癖你可能也有。身为一名科普作家，我曾有机会越过创伤外科医生的肩头，看他们剖开病人的肠道来寻找枪伤，我一点儿也不觉得恶心。然而，当我在电视上看到一个青少年打舌环时，我却感到非常惊恐，甚至冲出了房间。

在这两种情况下，我的恶心程度差异巨大并不稀奇。[30] 加州大学洛杉矶分校的人类学家丹尼尔 · 费斯勒（Daniel Fessler）领导的一个研究小组表明，人们看到附属肢体受到伤害比看到深埋在体内的器官受到创伤更加反感。例如，受试者认为舌头、肛门或生殖器移植比肾脏、动脉或髋关节移植更恶心。费斯勒说这其中有演化的原因。身体与外界接触的部分最容易受到伤害和感染，所以恶心感会让我们对这一类的伤害最敏感，从而保护我们。

你对一种情形的恶心程度还取决于你对潜在污染源的熟悉程度。[31] 布朗大学的心理学家蕾切尔·赫兹挖苦地评论称，只要是自己肚子里的东西人们都会喜欢。你自己的脏东西不会像别人的脏东西那样让你头疼。你可能不会介意和配偶共用牙刷，但是使用陌生人的牙刷你想都不会想。

双重标准的原因是你对自己的细菌免疫，而且你很可能已经接触过了自己亲密伴侣的细菌，所以它们也不太可能伤害到你。因此，那些离你社交圈最远的人的污垢和身体排泄物会引发你最强烈的厌恶。

恶心也会通过其他方式让我们的感知产生偏见。[32]“想象一下用炭黑色的牙膏刷牙。”哈佛心理学家加里·谢尔曼（Gary D. Sherman）在一次科学会议上向听众说道。我是与会者之一，这个想法立刻让我反胃。谢尔曼用不到一秒钟的时间就有效地阐明了他的观点——我们会将深色与污垢、污染联系起来。相比之下，白色象征着纯洁与洁净，因此医院和酒店的毛巾、床上用品和瓷水槽等都是白色的。这个简单的发现让他怀疑厌恶感是否能够调节感知系统，让容易感到恶心的人更好地发现污染物。

为了验证这个想法，他与合作者们测试了受试者辨别细微灰度差异的能力。例如，在白色的背景下识别很浅的灰色数字。他们推断这种能力会让人们更善于发现细微的尘土。他们发现受试者的恶心敏感度越高就越擅长于这项任务。

结果显而易见：容易感到恶心的人的确比其他人更快看到水槽周围的灰尘。至于为什么会这样，谢尔曼不太确定。一种可能性是，这些人更有动力去锻炼这种能力来帮助他们避免污染。他指出，在其他感官形式中也存在类似的知觉调节。例如，最初无法区分两种气味的人，在其中一种气味伴有电击的情况下学会了对二者进行区分。情况还可能正好相反，也就是这些人天生拥有察觉别人看不见的杂质的能力，这让他们比别人更容易感到恶心。无论如何，他们的世界明显不同于那些感觉没有这么强烈的人。

当人们接触到一个陌生的物体表面时，强烈的厌恶感也可能导致他们投入更多的时间和精力来追踪污染物——无论这是真实的还是想象的。[33] 耶鲁大学的神经心理学家大卫·托林（David Tolin）把一支铅笔在干净的马桶周围蹭了蹭。然后，他用铅笔触碰另一支铅笔，再用那支铅笔碰另一支铅笔，以此类推。到了第 5 支铅笔，没有强迫症的人不再担心污染物了。然而，患有强迫症的受试者认为，即使到了第 12 支铅笔，细菌所构成的威胁也依然存在。

无论你是否患有强迫症，你对环境中污染物扩散的追踪程度可能远比自己意识到的要厉害得多，即使该传染风险远没有上述情况来得明显。一项研究人们购买习惯的实验为此提供了证据。实验表明，没有人愿意购买任何接触过别人身体的东西。例如，同一件衣服，与放在销售架上的相比，挂在试衣间里的就不太可能被购买。[34] 消费者甚至会避免购买放在令人讨厌的东西附近的商品。例如，杂货店的购物者们会避开放在垃圾袋、尿布或其他与污垢、身体排泄物有关的东西附近的食物（即使是美味的饼干）。[35] 我们内置的细菌追踪 GPS 系统显然在测量距离方面非常精确，不过在面临真正的危险时，它就不一定那么精确了！

"恶心"最吸引人的一面也许是它在更高层面的象征意义。这也是让该领域的创始人保罗·罗津最兴奋的一点。他和他的学生，现在的纽约大学心理学家乔纳森·海特（Jonathan Haidt），可以说在这一领域作出了最伟大的贡献。罗津在一份宾夕法尼亚大学（他也是该校的心理学系教员）的出版物中简洁地概括了他们的观点："恶心……从保护身体免受伤害的机制发展到了保护灵魂免受伤害的机制。"[36]

他在和我聊天时详细阐述了这个主旨。[37] 他说情感最重要的功能就是保护我们免受一个令人不安的事实影响：所有动物中，只有我们知道自己有一天会死去。肉体被分解、蠕虫在我们的尸体中钻来钻去的想法过于令人厌恶，因此我们将这个想法从头脑中驱逐出去了。恶心能帮助我们应对这场存在危机，否则它可能会让我们寸步难行。罗津说“恶心”在最深层次的意义上是“拒绝死亡”。

“恶心”的这一层概念，即与灵魂的纯净和死亡的有关部分已经延伸到了我们生活中的许多领域，影响的范围从我们允许哪些人进入自己的社交圈到法律与伦理。柯蒂斯认为，人类对传染根深蒂固的恐惧带来了大量好处，比如“文明”就有可能是它的副产品。但不可否认，它也引发了我们最糟糕的一面。

先来谈谈坏消息……

Chapter

< 10 >

第十章　寄生与偏见

马克 · 沙勒（Mark Schaller）在职业生涯开始时对寄生生物并不感兴趣。[1] 从 20 世纪 80 年代念研究生时起，这位英属哥伦比亚大学的心理学家就一直想了解偏见的根源。他在 21 世纪初开展的一项研究中表明，仅仅是关掉房间里的灯，就会让人们对其他种族产生更大的偏见。受试者在黑暗中被强化的脆弱感似乎引发了这些负面的偏见，他承认这是“一个比较显而易见的观点”。然后他有了一个奇怪的想法：“人类很容易受到感染。如果我们发现人们在更容易患病的时候，他们的偏见也会增强，这不是又酷又新奇吗？”他想自己或许可以用“一个无伤大雅的操纵”来恶心受试者（这个稍后详述），然后观察他们对外部群体（那些和他们的种族或民族不同的人）的态度是否转向了负面。

沙勒在科研中带着一丝游戏的精神（“我喜欢疯狂的想法。”他告诉我），他对进入“恶心”这个令人生畏的领域没有任何负担，因为他并不容易感到恶心。当我请他说得更详细些时，他分享了一个保罗 · 罗津夫妇来他家做客的故事。在准备食物的时候，沙勒发现一只很大的甲虫落在了自己的盘子里，显然，它是爬到了当天早上从花园里摘的树莓上，然后被带进来的。“我指了指虫子，因为这是保罗最感兴趣的食物与恶心感的例子。保罗的妻子问：‘问题是，食物你还要吃吗？’我当然说要吃了。我怎么会在那种情况下说不呢？”

沙勒并不后悔。“我一点儿也不觉得恶心，”沙勒坚持道，并补充说，“我以前往嘴里塞过鼻涕虫。我可不是受到挑衅才这样做的。”

我提到了沙勒强健的体质，是因为我怀疑，这或许能解释他在尝试“无伤大雅的操纵”时的狂妄态度。他的计划是测试受试者是否会在外部群体吃了榴梿后立刻对他们产生负面的看法。对那些不熟悉榴梿这种来自东南亚异国水果的人来说，它看起来就像带刺的橄榄球，它的果肉拥有众所周知的臭味。事实上，它的臭味经常被比作烂洋葱或成堆的汗臭袜子（“臭气熏天”就是经常用于描述榴梿气味的形容词）。

“我去越南小市场买了一个榴梿，”沙勒说，“他们几乎都拒绝卖给我。他们问：‘你知道你要买的是什么吗？’”沙勒没有被劝退，他把榴梿买了下来，但连他也不是榴梿的对手。他承认自己在回家的路上“不得不把它放在后备箱里”。

可惜，他虽然忍住了感官的冲击，却没有得到明显的科学收获。这种让沙勒作呕的水果并不是靠得住的恶心诱发物。开展这项研究的城市温哥华有大量亚裔人口，实验中的许多受试者都熟悉榴梿并喜欢它。按照沙勒的说法，他们的反应是："没错，臭死了——但是很好吃！"他不得不放弃这项实验。但在这样做之前，他注意到从非亚裔那里收集来的数据表明，他的理论虽然听起来有些牵强，但可能也有一定价值。

沙勒换了另一种策略[2]，他选择用流鼻涕的鼻子、满是麻疹斑点的脸和其他疾病相关的刺激来恶心受试者，这些刺激在之前的研究中已经被证明可以引发普遍的厌恶。对照组看到的图片则描绘了与感染无关的威胁，例如被电击或被汽车碾过。然后所有受试者都被要求填写一份问卷，问卷评估了他们对分配政府资金帮助波兰移民（他们对这些移民非常熟悉，因为温哥华也是许多东欧移民的家园）以及蒙古和秘鲁移民（他们不熟悉的群体）的支持程度。与对照组相比，看到令人想起细菌的照片的受试者对熟悉移民群体的支持明显高于他们不太熟悉的群体。

自该研究发表以来，沙勒基于自己和他人十余年的研究经验对这些发现给出了如下解释[3]：在人类历史上，外来人口会带来外来细菌，这些细菌往往会对当地人口造成格外严重的伤害，因此当我们感到自己患病的风险升高时，似乎就会引发对外来者的偏见。此外，我们的脑海中可能还潜藏着“外国人没有那么高的卫生标准”,或者他们“没有遵循降低食源性疾病风险的烹饪方法”等担忧。沙勒指出，偏见就是根据表面印象而回避他人，所以这种情绪虽然丑陋，却非常适合保护我们免受疾病的伤害。

相关实验表明，大脑产生的“陌生”感很模糊。沙勒与其他研究人员合作发现，任何让我们联想到感染风险的事情，都会加深我们对残障人士、毁容者、畸形者甚至肥胖人士和老年人的偏见。但恰恰相反，这是一大群对任何人都没有健康威胁的人。

“传染病会导致各种各样的症状，所以我们可能会觉得这个人看起来不正常。”沙勒说道。他指的所谓“正常”是原始人对健康的评判标准。直到近代,“原始人类”——按照他的说法——都很少超重或寿命超过 40 岁，所以肥胖或出现年迈迹象（如眼袋、老年斑和褐色卷曲指甲）都被归类为怪异。你的病菌探测系统就像烟雾探测器一样，只要发现一丁点儿危险就会发出警报。错误警报可能意味着错失社交机会。但如果有人表现出了传染性症状，而你却认为那是无害的，你可能会因此丧命。“安全胜过遗憾”似乎是大自然的座右铭。

病菌探测系统不仅校准粗略，而且按照设计，它很大程度上是在意识之外运行，它受感觉的影响远比事实要大。为了强调这一点，沙勒描述了一项实验。实验开始时，他的团队成员向受试者展示了两个人的照片。第一个人脸上有红色胎记，但被描述为“强壮健康”。第二个人看起来很健壮，但受试者被告知他患有一种传染性很强的耐药结核病。然后，受试者接受了一个在计算机上进行的反应时间测试，来测出他们潜意识里认为与感染有关的男性。尽管受试者得知了以上信息，但测试显示，他们认为，脸上有无害胎记的男子构成的疾病威胁更大。

根据沙勒的说法，受试者盯着有缺陷的脸的时间，比盯着通过照相技术修复了缺陷的同一张脸的时间要长。通常在认知科学中，你越专心，你的记忆就越好。[4]例如，人们盯着愤怒的脸看得越久，之后也会记得越清楚。但是在有缺陷的脸的测试中，结果正相反：受试者对外貌异常个体的记忆要差得多，还经常把他们彼此混淆。也许就像参与实验的科学家约书亚·阿克曼（Joshua Ackerman）所说，受试者“只是在看，他们没有真正地看到”。

当人们被要求分辨来自陌生种族的人时，不断重复出现的回答是“他们看起来都一样”[5]，似乎也呈现出同样的“去人化”趋势。

如果我们看到的是一张愤怒的脸，我们会仔细解读其面部特征，以便在别的情况中识别出潜在的敌对者。但是有缺陷的脸部的独特特征，对追踪潜在的传染源毫无用处，结果就是我们会将注意力集中在显著的威胁特征上，而忽略了这个人的其他特征。[6]

沙勒认为，科学家直到最近才意识到我们周围的寄生生物可能会引发偏见，这简直“令人难以置信”。[7]因为科学家几十年前就已经知道了针对疾病的行为防御，尤其是动物的行为。然而，如果从另一个不同的角度来看，这一疏忽就不会让他感到意外了。“人们研究的很多东西都基于他们自己的个人经历，大多数心理学研究工作都完成于加拿大、美国和欧洲这样的地方。”沙勒环顾四周说道。我们正坐在英属哥伦比亚大学校园一栋崭新的楼房里，建筑线条简洁流畅，极简装修——这是你所能想到的最洁净无菌的环境了。“我们真的不太需要担心传染病。但我们忘记了，在世界上大部分地区和我们历史中大部分时间里，传染性生物对人类健康构成了非比寻常的威胁，我们几乎可以肯定地说，它们在人类的演化中发挥了巨大作用，其中就包括我们大脑和神经系统的演化。”沙勒说。

沙勒发明了“行为免疫系统”这个术语，来描述我们觉得自己有被感染的危险时，自动在脑海中浮现的想法和感觉，它会促使我们用限制自己暴露程度的方式行动。随着他的研究不断取得进展，罗津、海特和柯蒂斯等各位科学家的工作也有所斩获。因此，他告诉我，这个术语所包括的，不仅是病菌引发的偏见，还包括为了抵抗感染的一系列基于恶心的保护性反应，以及在动物中起到了同样作用的行为。

虽然他认为，这个领域的见解能给予我们许多人际关系的启示，但他很小心地不去夸大他的发现。[8]他强调，潜意识中对传染的恐惧并非造成偏见的唯一因素。我们可能因为觉得不同种族或族裔的人会威胁到我们的生计，或者害怕他们伤害我们而对他们抱有成见。我们会避开脸部有缺陷和畸形的人，因为他们让我们想起自己也容易遭遇伤害和不幸。偏见也可能仅仅源于无知，例如，有的人诋毁肥胖者懒惰又邋遢，这可能源于他在专业环境中几乎没有接触过超重的人。沙勒说，即使我们能够消除所有的传染病，也不能根除偏见。

他还提出了一个额外警告："我们所做的许多研究，仅仅聚焦于人们对待激活我们行为免疫系统的人的本能反应，但并不意味着这就是我们脑海中发生的一切。例如，我对长相怪异的人最初的反应可能是厌恶，但这也许立即会被更深层次的同情感取代。因为考虑到了这个人所处的困境，并能感同身受。这些额外的、更深思熟虑的反应不是我们心理雷达的第一反应，但它们可能最终会对我们在现实生活中如何应对这些情况产生更大的影响。"

尽管如此，沙勒和其他研究人员的研究表明，长期担心患病的人，特别容易对那些外表不同于"正常"模板的人感到反感，而且这些人也很难克服这种反应。这会对他们的态度和经历产生真实、持久的影响。他们与没有受到这种健康问题困扰的人比起来更难有残疾朋友。[9] 根据他们自己的说法，他们也不乐意出国旅游，或者参加其他可能接触到外国人或异国食物的活动。[10] 他们在隐性态度测试中更常表现出对老年人的负面情绪，[11] 而且也被报告说对肥胖者怀有更大的敌意。[12] 事实上，他们越是担心生病，就越容易表现出对肥胖者的鄙视，这可能解释了为什么肥胖者经常被打上与感染密切相关的贬义词标签，比如肮脏、难闻和恶心。

这些反感情绪影响了恐菌者与每个人的互动方式，而不仅仅是陌生人。[13] 容易产生这种恐惧的父母说，他们对肥胖的孩子会产生更多消极情绪，而这种情绪不会波及体重正常的孩子。

沙勒推测近期患病的人可能会表现出类似偏见，[14] 因为他们的免疫系统仍然处于功能低下的水平，所以他们的大脑会通过增强行为防御来进行补偿。为了支持这一观点，他指出了进化生物学家丹尼尔 · 费斯勒及其同事一项争议性的研究，该研究表明，孕妇在怀孕的前三个月会变得更加排外，因为在这个时期，她们的免疫系统为了防止身体排斥胎儿而受到了抑制，但在怀孕后期危险过去了之后，孕妇也就不会有这种反应了。费斯勒与戴安娜 · 弗莱施曼（Diana Fleischman）合作开展的深入研究[15]显示，黄体酮（负责在怀孕早期调控免疫系统的激素）会增强孕妇的厌恶感，进而助长她们对外人的消极态度和更挑剔的饮食习惯——后面这种反应很可能是为了防止孕妇食用易受污染食物的适应性行为，正如我们在第八章中看到的那样。换言之，这一种激素通过唤起厌恶感，在感染能造成最大危害的怀孕时期引发了两种行为防御。

这种激素诱导的情绪转变不仅限于怀孕，在女性月经周期的黄体期（排卵后的那几天），为了让卵子在受精的情况下能植入子宫，而免受免疫细胞的攻击，女性体内的黄体酮水平会上升。通过测量月经周期正常的女性唾液中的激素水平，费斯勒和弗莱施曼发现，女性的黄体期伴随着强烈的厌恶感、仇外心理以及对细菌的担忧。例如，处于月经周期这个阶段的妇女说，她们洗手的次数和在公共厕所里使用纸质座套的频率更高。

“了解这些态度变化的根源可能很重要。”费斯勒说，“我在教大学学生如何从演化的角度来探索心理时，试图表明我们并不是演化心理的奴隶。例如，当一名女性走进投票站，试图根据候选人的移民政策做出选择时，了解这些知识会让她有能力退后一步说：‘好吧，先等等，让我确保我的决定反映了我在这个问题上深思熟虑的立场，而不是我此时此刻的冲动。’”

行为免疫系统影响的不仅仅是我们对外国人的态度。[16]几项研究表明，它还会影响我们的社交性，从而影响我们接触潜在细菌携带者的频率。报告显示，男性和女性受试者在看到让人想起传染病威胁的图片后，他们都不愿意接近陌生人，并认为自己更内向——这些变化没有出现在看过建筑物图片的对照组中。虽然这种社交性的转变往往是短暂的，但习惯性担心自己生病的人，即使在没有任何直接感染的威胁下，通常也会说自己性格内向。他们一般也会把自己评价为不太讨人喜欢、不太愿意接受新体验。这种特征会让他们对外人和自己不熟悉的习俗产生更加敌视和不信任的态度。

不过，无论是习惯性害怕传染病的人，还是仅仅在高风险情况下如此的人，都不会避开所有他人的陪伴。[17]研究表明，他们是民族中心主义者，也就是说他们主要与熟悉的人打交道，比如家人和亲密的同事。研究人员认为，出现该现象的一个可能原因是，内团体（用社会科学家的术语来说）可以在细菌恐惧症患者生病时为他们提供支持和照顾。

有趣的是，几项研究表明，降低人们对感染风险的担忧，例如给受试者接种疫苗，可以有效地关闭行为免疫系统，抑制人们在传染病威胁显著时会出现的偏见情绪。[18]在一个著名的实验中，当受试者在流感盛行时期被告知他们可以用抗菌湿巾来消毒双手的时候，受试者对各种已知外团体（包括非法移民、肥胖和残障人士）的负面态度立刻减少了，并且这种改变在细菌恐惧症患者中最为显著。实验者之一的阿克曼将这种现象恰当地形容为“洗去偏见”。

政治学家正在涌入这个领域，他们希望检验其核心发现在不同文化和数量远大于心理学家研究样本的群体中是否还站得住脚。[19] 其中规模最大、控制得最好的一项实验由迈克尔·邦·彼得森（Michael Bang Petersen）和琳恩·奥罗（Lene Aarøe）主持，实验以具有代表性的 2000 名丹麦人和 1300 名美国人作为样本，并通过多种方法对这些人的易感性进行了评估。丹麦受试者参加了一项在线测试，对自己的厌恶敏感度评级，并提供了他们上次生病的时间以及担心自己受到感染的频繁程度。接下来，受试者完成了一项旨在反映人们仇外倾向的测试。科学家们的发现与沙勒的实验室研究结果十分吻合，其中有一项结果表明，受试者反对移民人口的程度与其厌恶敏感度呈正相关。

在对美国样本的分析中，政治学家将研究向前推进了一步。他们从疾病预防与控制中心收集了美国各州感染发病率的数据，并交叉比对这些数据与每个州在网上搜索传染病关键词的数量（“谷歌趋势”收集这些信息让流行病学家能够预测流感疫情和其他疾病的爆发)。研究人员控制了每一个所能想到的变量——种族、年龄、性别、受教育程度、社会经济因素、失业率、移民人口数量、政党倾向等。他们发现反对移民呼声最高的地方传染病也最普遍。按照预测，那里对感染的担忧也最多。

他们研究的最后一部分是最有启发性的。美国受试者被告知，有一名男性移民是来自他们熟悉的国家，抑或来自陌生的文化。第一组受试者被告知，这名移民非常有动力学习英语，并对美国的民主价值观深信不疑。第二组受试者被告知，这名移民学习英语的积极性不高，对美国的理念持有怀疑态度。第三组受试者则没有收到任何关于这名移民想要融入美国的信息。结果，担心细菌感染的受试者们，对来自熟悉地方的移民表示热烈欢迎，对来自不熟悉地方的移民则不会如此。无论新移民是否有可能为社会作出贡献或接受其价值观，结果都是这样的。

“这表明行为免疫系统比较死板，它不太受促进和平共处与彼此宽容的信息影响。”奥罗说。

她的合作者彼得森补充称："如果我担心的不是你会对我做什么，而是你的病原体会对我做什么，那么你的意图就变得无关紧要了。这反映了种族融合难以实现的重要原因。”

科学家的发现与当前的认知背道而驰，后者强调努力融入是同化的关键。他们的研究结果也突显出，保护我们免受疾病侵害的病菌追踪雷达在现代社会中的适应能力有多差，现在不同种族的人比邻而居已经是常态了。此外，老年人和肥胖者在当代社会中占比也很大，这可能会引发行为免疫系统出现更多的"失误"。彼得森说："它太活跃了，但几乎起不到什么保护作用。"这在富裕地区尤甚，因为那里的传染病风险远低于我们祖先演化的环境。"这值得深思。"

但他和奥罗不排除另一种更乐观的解释。一个人对"正常人"应有的样子或行为的认知可能基于他每天与什么样的人来往，这将有助于降低病菌的警戒水平和与之相关的偏见。

沙勒支持这种观点。[20]"如果在我成长的环境中，所有人看起来都差不多，那么打个比方，一个亚裔人士可能会触发我的行为免疫系统。但是如果我在纽约长大，那么这样的人就不会引发行为免疫反应。这种反应也可以通过其他方式得到改变。人们只要意识到对健康的真正威胁所在，就能减少这些偏见。"

可惜我们大多数人都不知道自己大脑的内部运作以及演化对认知所造成的偏见。反对移民的宣传巧妙地利用了人类将外国人视为传染源的偏见。这种宣传的丑陋言辞我们并不陌生：外来者是肮脏的。他们令人厌恶，身上满是虱子，会用无穷无尽的恶性病菌感染你。在这种背景下，疾病的爆发常常被归因于外来者的传染。尤其是在早期的几个世纪，当时流行病的真正原因不明，感染造成的死亡人数也要高得多。曾有传言说犹太人在基督徒的水井里下毒，从而将黑死病带到了中世纪的欧洲——这个指控毫无依据,但却让被告者在多次大屠杀中遭到杀害。近代以来，我们不会将我们怀疑带来了疾病的外来人烧死，但我们仍然会把他们污名化。全世界都曾将 1918 年的毁灭性流感归咎于西班牙人，而西班牙人又反过来怪在了意大利人头上（按照记录，流感很可能起源于堪萨斯州）。[21] 在艾滋病刚开始流行的那几年，海地被妖魔化了——这种看法不仅是错误的，而且也损害了海地本已脆弱的经济。2014 年，反移民的网站甚至还有一些美国国会代表警告说，涌入美国南部边境的拉美难民潮可能会让美国公民感染埃博拉病毒 [22]——尽管在得克萨斯州南部未曾发生过一例这种疾病。

不管你身在何处，在选举时毫无疑问移民都是热门话题，个中原因现在已经很明显了——这向来都是能够赢得选票的论题。当然，反对移民也可以有正当的理由，但如果人们已经有将外来者视作细菌威胁的倾向，再加上政治家们的推波助澜，这种理由的分量就被加重了。

仇外的宣传可以采取另一种用心险恶的方式。它的前身是欺负人的小恶棍最喜欢用的嘲讽："你长虱子了。"成年恶霸煽动仇恨的方法，则是指责他们攻击的对象（通常是弱势的少数群体）是寄生虫或其他传播感染的媒介。这种传统根深蒂固。古罗马人诋毁外来者为垃圾和渣滓。[23]犹太人——历史最爱的替罪羊——被纳粹描绘成社会的蚂蟥，埋下了此后大屠杀的种子。[24]与此同时，守法的日裔美国平民在美国被称为"黄害"。[25]这种诽谤被用作了把他们囚禁在拘留营中的号召。1994年胡图族极端分子煽动其追随者"消灭图西族蟑螂"，卢旺达爆发了种族灭绝的血腥屠杀。[26]

白人至上主义者在利用人们对传染病的恐惧来煽动仇恨方面更有优势。由于灰尘、粪便和许多传播疾病的昆虫通常是棕色或黑色的，许多人都将深色与污染联系在了一起。这种思维习惯很可能曾助力证明了吉姆·克劳法*禁止黑人与白人同台吃饭、共用饮水器和游泳池（这最让南方的白人感到厌恶）的政策是正当的。事实上，一些种族融合最激烈的斗争就发生在游泳池，随着黑人的向北迁徙，这个问题被带到了北方。[27]20世纪30年代，匹兹堡的非裔美国人会被拖出公共游泳池然后被命令离开，除非他们能提供自己没有患病的健康证明。经历了一代人

---

* 吉姆·克劳法，指1876—1965年间美国南部各州以及边境各州对有色人种实行种族隔离制度的法律。

之后，西海岸的拉美人面临着类似的迫害：在20世纪50年代洛杉矶的一些社区里，西班牙裔美国人只能在周一的“墨西哥日”游泳，在这之后游泳池会被抽干、重新注满，而且仅供白人使用。杰拉尔德·L.克洛尔（Gerald L. Clore）和加里·谢尔曼两位心理学家研究了大脑将深色与杂质关联起来的倾向，他们怀疑人们对传染的恐惧甚至可能是南方反异族通婚法的根源。[28] 直到20世纪中叶仍有效力的“一滴血”原则，认定任何非裔血缘都可能污染“纯”种白人。

这项研究带来的启示近乎荒谬。它表明我们每一个人都能够通过特别注意或者说执迷于清洁卫生，来提高自己在社会中的被接受度和融入程度。

直白地说，我们内心的偏执狂会对衣着整洁、发型讲究（头发最好梳到脑后）、剃干净胡子、使用除臭香氛、口气清新以及指甲精心护理过的人报以微笑。要让这张完美的卫生图片更完整，配饰可以选择乳胶手套和手术口罩。[29] 好吧，这样可能有些过分了，但是科学家们推论，穿戴医疗器械应该可以减少偏见。

挑战内心偏执狂的责任或许应该落在那些容易感到厌恶的人身上。当你发现自己从你反感的人身边离开时，不妨问问自己：这个人威胁到我的健康了吗？如果没有，请考虑与他靠近一些。要是合适的话，甚至可以和他握个手或拥抱一下。当然，对那些容易感到反感的人来说，有时候说起来容易做起来难。一个有这种倾向的朋友承认自己不能坐在患有银屑病的人身旁，更别说握手了，尽管他清楚地知道这种皮肤病对他没有威胁。

可悲的是，生病的人最有可能激活他人的行为免疫系统，所以许多患者除了应对他们的病痛之外，还得忍受他人的异样目光。癌症患者经常有这种强烈的感受。[30] 美国全国广播公司记者贝蒂·罗林（Betty Rollin）在 1975 年做了双乳切除术后曾回忆，她拉上了卧室的窗帘，不是为了防止好色的眼睛窥视她，而是“为了不让神秘的偷窥者呕吐”。她讲述自己经历的畅销书《起初，你哭泣》（*First You Cry*）差点都无法出版。当她向编辑们介绍自己的选题时，几乎所有人的回答都是：“乳腺癌——太恶心了！谁会想读这个？”无论如何，她写完了这本书，并把曾经禁忌的话题公之于众，让许多受折磨的人不再自我放逐。

许多人可能认为，我们已经克服了对乳腺癌和其他名声不好的疾病的厌恶，但我自己的经验却并非如此。就在几年前，一位我最亲密的朋友患上了肛门癌，但她却告诉同事自己患的是结肠癌。她写信和我说，肛门癌听上去太恶心了！后来她才承认，她的尴尬甚至让她没有及时将真实的诊断结果告诉最亲近的人。最近，一位身患晚期呼吸道疾病的海外朋友在和我视频通话时拒绝打开自己的摄像头。我后来才知道他是想保护我，不愿意让我看到他憔悴不堪，鼻子插管的样子。

瓦莱丽·柯蒂斯在研究厌恶及其相关健康问题的过程中，不断听到这类故事。她说，大小便失禁的人拥有尤其强烈的羞耻感。[31] 他们更有可能会被人们排斥，甚至被社会唾弃。即便是照顾病人的护工，或者从事诸如清扫厕所、下水道之类工作的人，也经常受到指责。[32] 更糟糕的是，当他们被要求去做某些辛苦活儿时，他们可能会患上创伤后应激障碍，例如，去给独居老人收尸。“我认为讨论这个问题非常重要，”柯蒂斯说，“因为仅仅说‘哦，你这样想不理智又不合逻辑，当然不会有人觉得你恶心，因为你生病了’没有什么作用。而且恐怕我们有时的确会这样对待病人。除非我们承认这一点并处理好克服厌恶感所需要做的情感工作，否则我们不会取得多大的进展。”

令人鼓舞的是，研究表明，反复暴露在厌恶的刺激下，或许可以减弱这种强烈的情绪。[33] 例如，经常更换伤口纱布和脏被褥的人表示，自己的恶心敏感度降低了，不过与适应的刺激不相关的恶心诱发物，如坏牛奶或鼻涕虫，仍会让他们退缩。

尽管对恶心的研究在过去 20 年里有了很大的进展，但重要的问题仍然没有得到解答。其中一个主要问题是：这种反胃的感受会影响我们免疫细胞的功能吗？换言之，心理免疫系统与身体免疫系统之间是否会彼此沟通，还是它们基本上在独立运作？

可惜要研究这些问题很难。研究的费用很昂贵，所需要的专业知识也超出了许多心理学家的研究领域。不过，沙勒通过寻求一群神经免疫学家的帮助，成功开展了解决该问题的少数几个研究之一。[34] 正如他从前的许多实验一样，研究人员让受试者观看了关于疾病的幻灯片，但是与之前有一个主要的区别：受试者在观看前后都会被抽血，血液被混合在一个带有病原体表面标记的试管中，这样就可以确定他们的白细胞对抗挑战者攻击性的能力有多强。具体说来，研究人员试图观察引起受试者的厌恶感是否能刺激他们的白细胞产生一种名为“白细胞介素-6”的抗病原体物质。

这种物质的含量确实足足升高了 24%。相比之下，对照组的受试者观看了人们举着枪指向他们的图片，他们体内白细胞介素-6 的含量几乎没有变化。沙勒说，有趣的是，尽管让人想到细菌的照片能更有效地加速免疫系统的运转，但枪支的照片实际上却更令人焦虑，这表明了免疫反应的特异性。

目前还没有人重复过这项实验，因此我们显然还需要进行更多研究才能得出可靠的结论。不过该实验得到了相关研究的支持。例如，在澳大利亚的一项调查 [35] 中，研究人员在给受试者展示呕吐物、比萨饼上的蟑螂以及类似的恶心食物图片前后，收集了受试者的唾液样本。被恶心到的受试者与看到中性内容图片的受试者相比，唾液中明显产生了更多的肿瘤坏死因子-α——一种参与抗击感染的免疫物质。英国的一项类似研究是，给受试者播放了1974年的恐怖电影《德州电锯杀人狂》(*Texas Chainsaw Massacre*)，并在受试者受到血液、脓块、肢解的恶心图像冲击前后采集了他们的血样。[36]结果，受试者抵抗感染的白细胞数量急剧上升。而对照组在电影放映的时候阅读普通读物，他们身上则没有出现这种变化。

沙勒认为，如果像该研究结果显示的一样，产生厌恶的想法能让我们的免疫系统高速运转，这种现象非常合理。“我们的眼睛为免疫系统提供了有用的信息。如果双眼告诉我们，周围有很多病人或其他细菌来源，这表明我们也可能会暴露或者已经暴露在了细菌环境之下。所以增强免疫系统能让它在对抗微生物入侵者方面领先一步。”[37]

他认为这种生物结构还有另一个优点：“这些信息可以让免疫系统根据威胁的规模来校准你攻击性反应的程度。我们不希望免疫系统做无用功，因为它消耗了大量身体其他部位可以使用的资源。”

在神经学层面上，心理免疫系统如何与身体免疫系统“对话”的问题仍处于推测阶段，但是科学家已经开始追踪大脑中处理厌恶感的位置了。证据表明，这个区域通过微调其通路，能够服务于另一个重要的新功能，可以说这个功能定义了我们人性的本质。我们很快就会清楚，人类之所以会成为最怪异的生物——道德动物，可能还多亏了恶心感的作用。

Chapter

< 11 >

第十一章　寄生与道德

一位年轻人与他的狗发生了性行为。[1]事实上，他献出了童贞。在那之后，他们的关系仍然很亲密，狗狗似乎完全不在意。但是这位年轻人却饱受良心的折磨。他是不是做了不道德的事情呢？

为了寻求明智的建议，他给康奈尔大学的道德心理学教师大卫·皮萨罗（David Pizarro）发了一封电子邮件。“我以为他在开玩笑。”皮萨罗说。他给这个人发了一篇关于兽性的文章链接，以为事情就这样结束了，但是这个人回复了更多的问题。“我意识到这孩子很认真。”尽管皮萨罗是该领域的翘楚，但很明显，他也很难回答这个问题，“最终我给他的回复是：‘我可能不会说这违反道德，但是在我们的社会里，你将不得不面对各种各样的人。他们就是会觉得你的行为很奇怪，没有什么特别的原因，没人喜欢听到这样的话。’我还说：‘你希望你女儿和一个曾与自己的狗性交的人约会吗？答案是否定的。有一点很关键：不会有动物写文章说自己是如何因为信任喜爱人类而遭到无礼对待的，若我是你，我会寻求帮助。’”

皮萨罗本质上在说这个人行为怪异、令人忧心，但他不愿意谴责这种行为。如果你接受不了这种行为，毫无疑问，你会对人和狗性交的画面感到恶心。但是这个人的行为真的不道德吗？至少根据他自己的说法，这只狗没有受到伤害。那么谁才是这个令人不安的故事中的受害者呢？

如果你还在努力搞清楚为什么他的行为看起来是错误的，心理学家会这样来形容你混乱的精神状态——你遇到了道德困境。

皮萨罗和其他科学家做出的大量研究表明，道德判断并不总是深思熟虑的结果。有时即使我们找不到受害的一方，也还是会认为某种行为是错误的。[2]我们仓促地下结论，然后，用道德研究领域泰斗乔纳森·海特的话来说，“为那些感觉构建特别的理由。”一系列交叉的研究表明，这种直觉来自厌恶感。在人类演化的过程中，同样的感觉让人们闻到腐臭的气味时捂住口鼻，把变质的牛奶吐出来。不知何故，这种感觉也卷入了我们最根深蒂固的信念中，包括伦理道德、宗教观念和政治观点。

厌恶在道德直觉中的关键作用反映在了语言词汇中：肮脏的勾当、丑恶的行为、卑鄙的恶棍。反之，洁净几乎等同于神圣。我们寻求精神纯洁。堕落会玷污我们，因此我们避开邪恶。

皮萨罗十分质疑把厌恶感当作道德指南针。[3]他警告说，如果人们总是依赖这种感觉，会容易被误导。他在课堂上表示，以恶心为理由谴责同性恋，就是道德观建立在厌恶感上的危险案例。“我和学生说：作为一名异性恋男性，如果你给我看两个男性之间某些性行为的图片，我会觉得恶心。但我要表达的是：这到底和我的道德观有什么关系呢？我告诉他们，我一想到两个非常丑陋的人做爱也会很反感，但这并没有让我想要立法禁止丑陋的人做爱。”流浪汉是另一种经常被人们谴责的群体，可能因为他们也能引发厌恶的警报，让社会更容易对他们进行“去人化”处理，并给他们安上莫须有的罪名。皮萨罗说：“我的道德责任是，确保这种感觉对我造成的影响不会在现实中践踏他人的人格。”

他比大多数人都清楚控制住厌恶感，不让它渗透到自己道德判断中的难度。他非常敏感，甚至需要依赖学生来为他处理道德推论研究中使用的恶心图片。“我完全靠直接的论证就改变了自己的一些态度，”他说，“我认为自己在许多问题上变得开明是一项智力成就。”

不过，极易感到厌恶的诅咒反倒是他工作中的一个优势。他自己也承认，这让他能敏锐地洞察情感是如何引导道德思维的。

如果你怀疑寄生生物是否对你的原则造成了影响，试想一下：当我们附近有传染性病原体时，我们的价值观其实会发生改变。[4] 在英国心理学家西蒙 · 施纳尔（Simone Schnall）的一项实验中，学生们被要求思考一些道德存疑的行为，比如在简历上撒谎或不将偷来的钱包物归原主，还有更可怕的情况，比如飞机失事后为了在偏远地区存活下来而吃人。受试者们坐在满是食物污渍的桌子边，面前放着破旧的笔。他们对这些犯禁行为的判断远比坐在一尘不染的课桌前的学生更加严苛。许多研究也报道了类似的发现，研究人员在受试者不知情的情况下，使用了屁味喷雾或模拟呕吐气味的化学物质等恶心诱发物。当受试者感到厌恶时，他们对婚前性行为、贿赂、色情制品、违背新闻操守、表亲结婚等行为的谴责也更严厉。[5]

感到恶心的人也更有可能从无害的行为中解读出邪恶的意图。在海特和研究生塔利亚 · 惠特利（Thalia Wheatley）开展的一项实验 [6] 中，受试者接受了催眠暗示：每当他们看到单词 “take” 和 “often” 的时候就会感到厌恶。然后受试者们阅读了一个不含道德内容的故事，故事讲述了一位名叫丹的学生会主席试图为学生和教授们安排讨论的话题。然而，读到的故事版本中包含了更多厌恶触发词 “often” 和 “take” 的受试者，比没有经过催眠暗示的对照组更加怀疑丹的动机。当需要解释为什么不信任丹时，实验组的人试图将解释合理化，比如：“我不知道为什么，但他似乎有什么意图。” 其中，海特觉得很好笑的一个理由是："丹是一个哗众取宠的势利鬼。"

如果病菌是你的首要考虑因素，无害的性行为同样也会具有不道德的意味。当皮萨罗一项研究中的受试者收到使用纸巾的暗示时，他们对抱着泰迪熊自慰的女孩和帮奶奶看家时在她床上做爱的男子会产生更严厉的判断。[7]

心理学家马克·沙勒和达米安·默里（Damian Murray）的调查显示，这些发现有一个清晰的规律。[8]被提示要小心传染病威胁的人更倾向于支持传统价值观，而且更加蔑视违反社会规范的人。（顺带一提，人们对糟糕的司机、战争和其他安全威胁的担忧也会让他们更愿意墨守成规，但程度远不如细菌恐惧者那样夸张。）疾病暗示甚至可能让人们更偏向宗教：[9]在一项研究中，暴露在有害气味中的受试者与没有暴露在有害气味中的人相比，便是如此。

在我们担心疾病时，不仅是妈妈的菜肴变得更有吸引力了，就连她对正确行为举止的观点也更有说服力——尤其是在社交场合。我们相信历史悠久的做法，这可能是因为在生存受到威胁的时候，经过检验的方法似乎是更安全的选择。"现在不是拥抱崭新的、未经检验的人生哲学的时候。"你的脑海中有一个声音在低语。无论你是否意识到了，这个大脑区域都在不断地评估风险并建议应对的方法。

根据这些发现，皮萨罗想知道，当我们觉得自己容易受到疾病影响时，我们的政治态度是否会改变。[10] 他与埃里克 · 赫尔泽（Erik Helzer）合作，想出了一个聪明的策略来检验这个想法。他们让受试者站在洗手台旁边或者看不到清洁用品的地方，然后询问他们对各种道德、财政和社会问题的看法。那些被提示过感染危险的人表达了更保守的观点。

这些结果虽然很有趣，但我们应该小心谨慎地解读。[11] 当我们需要在现实生活中做出道德判断时，我们得到的信息比在实验室环境中要多得多，其中包括了人们的教养、他们往常的表达方式、如何调解各种情形等。皮萨罗强调："道德判断受到很多因素的影响，厌恶感只是其中之一。"在日常生活的复杂世界里，基于本能厌恶感做出的草率决定无疑会在后来被逻辑和理性冲淡。这会让我们修改自己对违规行为的最初判断，甚至认为它根本没有违反道德规范。此外，厌恶感只能作用于一个人已经成熟的价值观体系。肮脏的桌子或难闻的气味不会令浪荡子正襟危坐，不会让无神论者变成宗教狂热分子，也不会让叛逆者变得顺服。"态度的转变只是暂时的，程度也有限。"皮萨罗强调，"当我谈到这些问题时，我试图强调，如果你希望影响人们的态度，可能还有更有效的方法。"

皮萨罗谨慎的态度可能也影响到了他最近一项研究的

结果，该研究旨在检验实验室的一个发现：通过疾病暗示煽动反同性恋情绪，是否也在现实世界中成立。2014 年秋天，皮萨罗与他的团队、约埃尔·英巴（Yoel Inbar）以及弗吉尼亚大学的研究人员合作，对美国人看待同性恋的态度进行了一项在线调查，当时人们对埃博拉疫情的担忧正处于巅峰。

科学家发现人们对同性恋群体的观点确实转向了负面，但其影响比他们预期的要小得多。

皮萨罗推测，疾病的影响之所以这么微弱，是因为当他们的观点在实验室中被记录下来时，即使是那些对埃博拉过度紧张的人，可能也没有足够的时间去担心这种疾病（受试者暴露在实验室有毒气味中几分钟内就完成了调查）。不过他并没有忽视另一种可能性，即恶心诱发物容易放大现存的偏见，而社会对同性恋者的态度在过去几年里发生了巨大的变化，这个群体现在受到了更好的对待。如果这就是疫情对反同性恋情绪的影响如此微弱的原因，皮萨罗说“那真是非常令人鼓舞的消息”。

不过，如果你的性情本就比较神经质，这种情绪对你态度的影响可能既不轻微也不短暂。皮萨罗和其他团队的研究与实验室的发现彼此呼应，他们发现，容易感到恶心的人更有可能处于政治观点保守的一端[12]，这种态度不仅仅局限于我们在前一章中讨论过的移民问题。极易感到恶心的人对犯罪、轻率的性行为、堕胎等的态度十分严苛，还有独断专行的倾向。例如，他们更容易认为孩子应该无条件地服从长辈，更加强调社会凝聚力和遵守传统。尽管证据并不充分，但甚至有迹象表明，那些感到厌恶的人可能有更保守的财政态度（反对税收和政府支出项目）。

这个问题也涉及生理学的层面。当受试者看到人们吃虫子的照片和其他令人作呕的图片时，保守派比自由派更容易出汗（由皮肤电流反应来衡量）。[13] 不过，这些人的强烈反应并不局限于和疾病相关的危险。他们对噪音的反应也比自由派的人更加明显。[14] 这两个观察结果可能与政治学中一个有据可查的发现直接相关：与自由派相比，保守派普遍认为世界更具有威胁性。[15] 这会反过来影响他们在外交政策相关问题上的立场。他们除了对外国人更加不信任之外，也可能更愿意使用武力。保守派当然也比自由派更直言不讳地支持爱国主义、军队建设以及服兵役。

总体看来，你会认为恶心敏感度可以用来预测选举投票。当然，预测并不完美。你的教养、宗教信仰、收入水平和许多其他因素显然也塑造了你的意识形态。但是我们如果观察的人数足够多，数据会呈现出一致的趋势。

在 2014 年公布的一项针对 237 名荷兰公民的研究 [16] 中，那些在恶心敏感度测试中得分最高的人相比没有那么敏感的人，更有可能投票给在社会问题方面保守的自由党。自由党反对移民的立场强硬，敌视伊斯兰教，比起多元文化精神更强调荷兰传统的价值，而且拒绝加入欧盟。荷兰有 10 个政党，他们在许多问题上的立场不能被泾渭分明地划分为自由派或保守派，因此研究人员无法全面预测投票倾向，但他们确实发现受试者的恶心敏感度与其政治意识形态之间的关联和前述模式一致。

一项规模更大的线上研究也有类似的发现。[17] 皮萨罗、海特和约埃尔 · 英巴组成的团队开展了一项研究，他们在 2008 年美国总统选举时调查了 25 000 名美国人。在感染焦虑程度上得分较高的受访者，更有可能说自己打算投票给保守派的候选人约翰 · 麦凯恩（John McCain），而不是贝拉克 · 奥巴马（Barack Obama）。此外，研究人员根据该州受访者的恶心敏感度得分，计算出了一个州的平均感染忧虑程度，他们以此为基础预测了实际投给麦凯恩的选票份额。

研究人员发现，遍及全球的 122 个国家（基本囊括受试者人数足以进行分析的所有国家），恶心敏感度和政治意识形态之间有着同样的相关性。调查人员在《社会心理与人格科学期刊》（*Journal of Social Psychological and Personality Science*）上写道："这有力地表明了这种关联不是美国（或者更广泛来说的西方民主）政治体系的特有产物。相反，恶心敏感度似乎与各种文化、地域和政治体系中的保守主义有关。”

政治家们试图利用恶心背后的科学为自己谋利也就并不奇怪了。一个值得注意的例子是，候选人、茶党活动家卡尔 · 帕拉迪诺（Carl Paladino）在 2010 年代表共和党角逐纽约州州长职位期间发起了一场新颖的广告宣传。[18] 就在选举的几天前，他所在党派的登记选民打开信箱，发现了散发着垃圾臭味的小册子，上面写着“奥尔巴尼（纽约州首府）有股臭味”。信件中展示了州内最近丑闻缠身的民主党人照片，并将帕拉迪诺的对手、前众议员里克 · 拉齐奥（Rick Lazio）形容为“花钱大手大脚”，说他与放任腐败猖獗的政府同流合污。发臭的信件是否提高了帕拉迪诺的得票数，我们不得而知，但这些信件起码对他没有造成伤害——他以 24% 的巨大优势击败了拉齐奥。

近来，唐纳德·特朗普（Donald Trump）将希拉里·克林顿（Hillary Clinton）在民主党初选辩论中延长上厕所的时间形容为“说起来都恶心”，这引得人群爆发了一阵笑声和掌声。

对病菌的恐惧不仅会歪曲人们的宗教和政治观点，也会让他们用非黑即白的思维来思考道德问题。这一发现对刑事司法系统产生的影响令人不安。你可能已经注意到了，神仙总是穿着白色的衣服，而邪恶的女巫却身穿黑袍。而且，电视上西部片里持枪的英雄和恶棍一般也遵循相同的着装规范。加里·谢尔曼和杰拉尔德·克洛尔这两位心理学家说过，人们会将深色与肮脏、污染联系起来，他们认为这个看似老掉牙的发现其实提出了一个耐人寻味的问题：作为人类大脑锻炼识别污染物能力的副产品，我们的头脑是否会将黑色解读为罪恶，将白色解读为美德呢？[19]

为了探索这种可能性，他们采用了最受人们欢迎的大脑训练游戏“斯特鲁普测试”。该测试的玩法是，当你看到一个特定颜色的单词，比如“黄色”，就要根据单词的颜色按下对应的按键。如果组成单词的字母也是黄色的，人们完成任务的速度更快。如果组成单词的字母是蓝色或其他不匹配的颜色，人们则会花费更长的时间。这表明大脑需要额外的时间来处理与预期相冲突的信息。

研究人员修改了测试的模式，他们给受试者随机展示黑色、白色的单词，这些词语都带有道德意味，如“犯罪”“诚实”“贪婪”和“圣人”。这些单词在受试者面前快速闪过，受试者的任务是只要辨认出颜色就按下按键。如果一个具有正面道德含义的单词是白色的，或者一个具有负面道德含义的单词是黑色的，那么受试者完成任务的速度要快得多，这表明这种联系是迅速而自发的。与之相反的配对显然让受试者们感到混乱，而且会减慢他们的速度。

为了进一步证明受试者的偏见心理与行为免疫系统有

关，研究人员让受试者写了一个关于腐败律师的故事，先让受试者思考不道德的行为，然后再次对受试者进行斯特鲁普测试。这一次，受试者将黑色单词与邪恶联系起来，白色单词与美德联系起来的速度甚至更快了，尽管这次实验中使用的一些词语，如“流言”“责任”“帮助”与道德的联系没有那么紧密。行为免疫系统会高速运转来保护我们免受病菌的侵害，许多科学家将它与反射作用类比，因此研究者越来越相信受试者的反应依赖的是道德直觉，而不是较慢的、有意识的论证。

谢尔曼和克洛尔认为，如果事实的确如此，那么最快将白色与道德、黑色与不道德联系起来的人会更担心病菌和清洁问题。为了探究这种想法，所有受试者在实验的最后都被要求评估清洁产品和其他消费品的吸引力。不出所料，测试结果表明，可能有洁癖的人给清洁产品——尤其是与卫生相关的物品，如肥皂和牙膏——打分最高。

当我们首要考虑的问题是道德时，将黑色视为邪恶的倾向会加剧，因此可以料想法庭正是人们认知中偏见最显著的地方。这对希望得到公平审判的有色人种而言，是一个令人不安的消息。“深色、污染、邪恶之间的联系可能不如种族、贫困和犯罪之间的联系对偏见的影响大，”克洛尔说，“但令人担忧的是，这些负面偏见可能会产生额外的影响，让有色人种更有可能被判有罪或受到更严厉的判决。”[20]（谢尔曼和克洛尔的实验不是为了测试受试者自己的肤色是否会影响他们将深色与邪恶联系起来的倾向，所以不同种族的人是否容易产生同样的偏见还有待观察。）

这些研究提出了一个显而易见的问题：寄生生物如何渗入了我们的道德准则？一些科学家认为，大脑的运作通路是这个谜团的关键，就是你体内的厌恶感——让你想大叫“呕！”的部分。[21]当你看到一个满溢出来的马桶或是想到吃蟑螂时，通常会涉及大脑中控制呕吐反应的古老部位——前岛。不过，当受试者对他人的残忍或不公正遭遇感到愤怒时，这个部位也会产生反感。这并不意味着身体的厌恶感和道德的厌恶感在大脑中完全重叠，而是它们共用了许多一样的通路，所以它们所唤起的感觉有时会相似，会影响我们的判断力。

虽然支撑我们道德情感的神经硬件设计有些缺陷，但它仍有许多值得赞叹的地方。克里斯托弗·T. 道斯（Christopher T. Dawes）领导的精神病学家和政治科学家团队开展了一项引人注目的研究。[22]受试者参加了一个分配财富的游戏，与此同时，他们的大脑成像也被记录了下来。当一位受试者决定放弃自己的收入，从而换取不同收入的所有玩家重新分配财富的机会时，他的前岛被激活了（这种现象被恰如其分地称为“罗宾汉冲动”）。[23]其他学者指出，当玩家觉得自己在游戏终局中受到了不公平的对待时，他的前岛会发光。此外，当一个人选择惩罚其他自私或贪婪的玩家时，这个部位也会被激活。[24]

这类研究让神经科学家将前岛视作亲社会情感的源头。[25]它被认为能够引发人们同情、慷慨和互惠的感情。或者，如果有人伤害了别人，它也会引发人们的悔恨、羞耻和赎罪感。然而，这绝不是与身体和道德厌恶感有关的唯一神经区域。一些科学家认为，这两种厌恶感重叠最大的部位可能在杏仁核——大脑的另一个古老部位。[26]

精神变态者中有不少冷酷无情的凶手，他们出了名的没有同理心。[27]而且，他们的杏仁核、脑岛还有其他与情绪处理相关的区域也比正常人小。精神变态的人也比大多数人更不容易受到恶臭、粪便和体液的困扰，他们忍受得了——用一篇科研论文的话来说，"他们可以平静地忍受"。

亨廷顿舞蹈症是一种会导致神经退化的遗传性疾病，身患此病的人会像精神变态那样脑岛萎缩。[28]尽管患者没有表现出同样的侵略行为，但也缺乏同理心。可能是由于脑内与厌恶有关的其他通路受到了损伤，患者对污染物没有表现出明显的恶心，例如，他们觉得徒手捡粪并没什么大不了的。

有趣的是，女性很少变成精神变态。女性患病比例仅是男性的十分之一，而且女性脑岛在大脑中所占比例要大于男性。[29]这种生理结构上的差别也许可以解释为什么女性对厌恶最敏感，而且这可能影响了另一个传统女性特征：为了适应作为主要看护者的角色，女性在同理心测试中的得分比男性高，这在判断哭闹的婴儿是否发烧或是否想睡觉时非常有用。

为什么从我们出生时，道德与身体的厌恶感就在大脑中彼此纠缠呢？这很难解释，但是英国恶心学学家瓦莱丽·柯蒂斯提出了一个虽然无法证实，但确实合理的情况。她指出，史前遗址的证据表明，我们的远古祖先可能比人们通常认为的更在意卫生和清洁。[30]这些古老遗址的文物中出现了梳子和贝丘（专门用来扔动物骨头、贝壳、植物残余、人类排泄物和其他可能吸引害虫或捕食者废物的垃圾场）。她强烈怀疑早期人类会鄙视那些随意处理垃圾、随地吐痰或排便，以及不梳理头发的同伴。这些不顾及他人的行为会引发厌恶感，因为这样做会让群体暴露在恶臭、身体排泄物和感染中。因此，在大脑联想的作用下，有这些行为的人本身就变得恶心。柯蒂斯认为，远古人类为了让这些人的行为符合标准，会羞辱甚至驱逐他们。如果这样做也失败了，他们会避开这些人。这正是我们对污染物的反应——不想和它们扯上任何关系。

原本为了减少人们与寄生生物接触的脑神经回路可以

很容易地调整功能，即避开那些有危害他人健康行为的人，因为人们应对这两类威胁的反应类似。作为这一观点的佐证，柯蒂斯的团队发现，对不卫生行为最反感的人，在惩罚倾向测试中的得分也高于平均水平。也就是说，这些人最有可能赞成将罪犯关进监狱，并对违反社会规则的人加以严厉惩罚。

从人类社会发展的角度来看，相同的脑回路只需稍微调整一下，就能让人类获得一个重大发展：我们对行为不道德的人感到厌恶。[31] 柯蒂斯认为，这一发展对理解人类如何成为高度社会化并具有合作性的物种至关重要。人类能够集合大家的智慧来解决问题，创造新发明，以前所未有的效率开发自然资源，并最终为文明奠定基础。

“看看你周围，”她说，“在你的生活中没有一件事是可以独自完成的。（现代社会中）大规模的劳动分工极大地提高了生产力。如今人类的能量产出高于狩猎采集时代百倍。”最重要的问题是：“我们如何想出这些机智的主意？我们怎样开始了携手合作？”

我们为何会被导向合作并不是一件容易解释的事情。[32] 事实上，这个问题让许多演化理论家束手无策。问题的要点在于：我们本质上不是利他主义者。当你把人们带到实验室里，让他们玩规则各异的赚钱游戏时，总有些贪婪的人不介意让别人空手而归。要是人们认为自己可以逃脱惩罚的话，总有一些人会作弊。在不断重复这些实验的过程中，有一点非常清楚：人们只有在不合作的代价更高的情况下才会合作。自私的人必须受到惩罚。

如今，我们有法律和警察来执行惩罚，但这都是现代社会的产物，它们建立在更基本的东西上，这个基础就像胶水一样让社会团结在一起。事实上，如果没有这股凝聚力——厌恶，社会就不会存在。

“如果你贪婪、欺骗我或者偷我的东西，我可以揍你。”柯蒂斯说，“但你可能会反击。你可能会让你强壮的哥哥们把我打一顿。所以这可能不可行。但如果我说‘她很恶心，她的行为就像社会的寄生虫，她拿的蛋糕超过了她应得的份额’，然后离你远远的，那效果就好多了。所以这是我在用厌恶心理机制来惩罚你。我通过排斥而非暴力来惩罚你。我不用花费任何代价，你很难报复我。我还可以告诉别人：‘你知道她做了什么吗？她太恶心了。’别人会说：‘哦，是的，她就是很恶心。’”[33]然后消息就传开了。

达尔文认为，人类的社会价值可能是由对“同胞的赞扬和责备”的痴迷所驱动。[34]我们的确更关心自己的声誉，而不是自己的对错。达尔文指出，轻蔑的表情和厌恶的表情一样，具有强大的威慑力。在史前时代，因反社会行为而被群体放逐与死刑无异。单靠你自己的技能、毅力和智慧很难在野外生存。自然选择偏向合作的人——那些遵守规则并付出同等回报的人。

从另一个角度看，用厌恶感来抑制自私的行为（包括那些卫生条件差而威胁到群体健康的人），对我们祖先的技术发展也有至关重要的意义。[35]社会性的好处多多，我们可以买卖商品、交换劳动力、建立新的联盟、整合思想等，但是它的代价也很高。我们都是一堆行走的细菌。与他人近距离一起工作会让每个人都面临感染和患病的风险。柯蒂斯说，为了在没有巨大风险的情况下得到合作的好处，我们必须“跳这支舞”。她的意思是，我们必须靠得足够近才能合作，但不能靠得太近而危及我们的健康。人类需要规则来实现这种微妙的平衡，因此我们学会了礼仪举止。

“我们从很小的时候起就学会了保持身体清洁，不要发出难闻的气味，不要在吃饭时说话，不随地吐痰。这些做法具有高度的适应性，因为这意味着你可以用较低的（健康）成本维持社会生活。违反这些规则的人很快就会遭到社会的排斥。”柯蒂斯说。

她认为礼仪将我们与动物区分开来，让我们迈出了成为文明“超级合作者”的“第一步”。她认为礼仪可能为人类“大跃进”奠定了基础：五万年前人类的创造力开始爆发，这体现在发明狩猎工具、饰品、洞穴绘画和其他创新上，这些迹象第一次表明，人类能分享知识和技能并且高效合作。

礼仪让人类走上了进步的道路，但是要真正变得文明还需要一套更为精细的行为准则，一套能够将社群联系在一起的准则。于是，出现了信仰。信仰在人类最需要的时候出现了，那就是我们的祖先停止在世界上游荡并决定扎根定居的时候。

大约一万年前，一些狩猎采集者开始尝试一种全新的生活方式：耕作。[36]刚开始只有少数人这么做，但这种转变加快了势头，逐渐有更多的人定居了下来，用一亩三分地来代替流浪的生活。这种转变通常出现在三角洲地区。

当大量宿主生活在一起时，传染病会以惊人的速度传播，这在不卫生的环境下尤甚。农业的进步意外导致了这个情况。

起初农民勉强维持生计，但只要农作物歉收他们就会面临灾难。他们以谷物为主的饮食结构缺乏多种营养，另外一些营养又过剩（碳水化合物让导致蛀牙的细菌大量滋生，让狩猎采集者患上他们当时闻所未闻的牙科疾病）。饥饿和营养不良削弱了他们的免疫系统，让他们更容易受到感染。

讽刺的是，随着人类在农业上越来越成功，健康问题也越来越严重。他们的粮仓引来了传播疾病的昆虫和害虫。随着人类定居，排泄物堆积如山，饮用水被粪便污染的风险更大。人类养殖的鸡、猪和其他动物使人们与新的病原体接触，而人类对这些病原体没有天然的抵抗力。

随着这些风险的增加，早期农民成了一波又一波疾病的受害者，这些疾病在史前时代闻所未闻，包括腮腺炎、流感、天花、百日咳、麻疹和痢疾，这还只是几个例子而已。[37]

这不是一夜之间发生的。农业发展花了几千年。作为农耕文明发源地的中东地区，在圣经时代之前都没有居民超过五万人的城市。因此，这场风暴缓缓蓄势，但当它袭来时，超乎想象的健康危机带来了混乱和创伤。新出现的疾病带来的症状远比如今未接受治疗和未接种疫苗的人所表现出的症状更加致命和可怕。我们是那些异常坚强之人的后代，他们的免疫系统能够击退这些致命的细菌。基本上，那些最早接触到流行病的人的处境可能比我们近代的祖先要糟糕得多。想想第一批感染梅毒的人将要面临的命运：他们从头到脚的皮肤上突然长出了脓疱，身上的皮肉开始脱落，三个月内就会死亡。[38]从前所未见的病菌蹂躏中幸存下来的人很少能毫发无损地脱身，许多人残废、瘫痪、毁容、目盲……

正是在这个关键时刻，我们的祖先从没有特别的精神信仰转变为信奉宗教。他们信奉的不是一时的潮流，而是一些流传至今的信仰。他们信奉的神灵承诺赏善罚恶。（至少现在的狩猎采集者们相信精神力可以影响天气或其他事件，但这些神秘存在很少在意人类的行为是否符合道德标准。）犹太教是这些经久不衰的信仰体系中最古老的宗教之一，其先知摩西在基督教和伊斯兰教中同样受人尊敬（他在《古兰经》中被称为穆萨，比穆罕默德更常被提起）。[39] 世界上很多宗教源自《摩西律法》。

考虑到《摩西律法》的年代久远，它在清洁和生活方式的问题上十分执着也就不足为奇了。我们现在已经知道了这些因素在疾病传播中起着关键作用。新月沃土(西亚、北非地区两河流域及附近的肥沃土地）地带的村落中出现了肮脏、拥挤的城市，疾病的爆发成了日常恐怖事件，就在这时,《摩西律法》规定犹太牧师应该洗手——直到今天，这仍是已知的最有效的公共卫生措施之一。

《摩西律法》中包含了更多医学智慧，我指的不仅仅是其中对吃猪肉（猪肉是旋毛虫病的来源，这是一种由蛔虫引起的寄生虫病）和贝类（滤食性动物，其中聚集了高浓度污染物）的著名禁令和给男孩行割礼的要求（细菌会在包皮皮瓣下聚集，割除包皮可以减少性病传播）。

犹太人要在安息日（每周六）沐浴；要盖住水井（这是个好主意，因为可以防止害虫和昆虫进入水源）；如果接触到血液、粪便、脓液和精液等体液，就要进行清洁仪式；将患有麻风病和其他皮肤病的人隔离开来，如果感染继续肆虐，则会焚烧病人的衣服；在尸体腐烂之前迅速埋葬死者；将使用过的碗碟及餐具放入沸水中；不吃自然死亡的动物的肉（动物可能死于疾病），也不吃放置超过两天的食物（很可能变质了）。

犹太教教义要求人们在瓜分战利品的时候，将任何能够承受高温的金属战利品——金、银、青铜或锡制成的物品放到火里（高温消毒）。不耐火烤的东西要用洁净的水来清洗，这里指的是水、灰和动物脂肪的混合物，基本上就是早期的肥皂配方。

从现代疾病控制的角度来看，《摩西律法》中有许多与性有关的禁令。父母被告诫不要让自己的女儿成为妓女、进行婚前性行为和通奸。男同性恋、兽交行为没有被彻底禁止，但也绝不鼓励。

某些宗教是公共卫生的执行官，因为许多与疾病传播息息相关的行为都发生在幕后，在公众视野之外。为了不让子民受到诱惑而偏离正道，《摩西律法》中明确指出这样做的人将付出高昂的健康代价，包括："高烧""让埃及陷入疮灾""疥疮、搔痒""癫狂和目盲"；如果这一切都失败了，还有刀剑。

约翰 · 杜兰特（John Durant）是《原始宣言》（*Paleo Manifesto*）的作者，这本书讲述了古代健康智慧，以及前面提到的《摩西律法》的医学素养基础。这里引用他的一段说法：

> 总的来说，《摩西律法》中所包含的卫生知识令人震惊。它正确地识别出主要的感染源，包括害虫、昆虫、尸体、体液、食物（尤其是肉类）、性行为、病人和其他受到污染的人或物。它暗示了感染背后的源头通常是看不见的，通过最轻微的身体接触就能传播……而且它规定了有效的消毒方法，如洗手、洗澡、用火消毒、煮沸、使用肥皂、隔离检疫、毛发去除，甚至还有指甲护理。

清洁至为重要，这为许多宗教所接受，比如印度教的信徒执着于在祈祷之前沐浴。[40] 他们担心身体受到玷污，在意身体的哪些部分可以接触其他人或物（例如，左手只能用于如厕，所以印度人用左手拿食物给别人是一种严重的冒犯）。

当然，这些宗教不仅仅与卫生有关。实际上，它们更关注精神和灵魂等有关问题。不过，通过厌恶感来惩罚危害群体健康之人的方式，很容易被用来激起人们的道德义愤，去谴责那些残忍、贪婪和恶毒的人。这种情感操纵能事半功倍地为社会带来好处。因为如果没有这些威慑，反社会的行为，如违反卫生规则，很难得到监管。

我们的举止、道德感和信仰可能都与厌恶感脱不了干系，最终它也会影响到我们的法律、政治和政府，因为后三者建立在前者的基础上。生物演化让我们的祖先对寄生生物和任何使他们暴露于感染危险之下的行为感到厌恶，然后文化开始接手，将人们变成了愿意遵守共同行为准则的超级合作者。至少，这是对为何在漫长的历史长河中，分散的游牧部落能联合起来成为地球村一员，而如今人们的思想都能通过互联网进行交流的一种解释。

不过，我认为这种解读人类历史的观点有一点需要注意：它可能会低估生物学在人类近代道德发展中的作用。不同于通常的观念，当人们开始变得文明时，人类的大脑并没有停止改变，它还在继续变化，尤其是那些与厌恶感处理有关的区域。

诚然，这只是推测。但遗传学的前沿发现支持了我的想法。在过去十年里，从人类基因组测序数据中得到的最惊人的发现之一，就是人类的演化近年来一直在加速。[41]实际上，自从农耕时代以来，人类基因组中的适应性突变积累速度，比人类历史上其他时期都要快上百倍。我们越是接近现代，适应性突变积累的速度就越快。

科学家最初也对这个意外发现感到困惑，直到他们终于意识到人类自己就是这一变化背后的催化剂。耕种对环境产生了深刻的影响，人类的身体和行为必须适应快速变化的环境。演化过程中不过一眨眼的时间，人类就必须要适应新的饮食和生活方式。人类的合作精神——创造力和协作能力——迫使我们进入了演化的快车道。

人类基因组中变化最快的部分，是调节免疫系统和大脑功能的基因。考虑到厌恶感是通过协调我们的身体和行为防御，从而在抵御感染方面起到了作用，我们有理由认为，随着文明的崛起，这种情绪所涉及的大脑部分，可能经历了巨大的重塑。

如果考虑到曾经大量人口都死于瘟疫，这个论点就更有说服力了。自然选择会偏向那些有信仰的人。最重要的是，自然选择有利于那些有惩罚性倾向的人的生存，这种人会死板地惩罚任何违反社会规则的人。随着农业逐渐被工业代替，大量移民从农场转移到了工厂。肮脏的贫民窟里聚集了前所未有的人，这肯定只会加剧健康压力。

虽然我们还不能确定厌恶感何时以及如何嵌入了我们的道德体系，但毫无疑问，它对社会产生了变革性的影响。如果没有这种强大的情感让我们行为一致，人类这个物种不可能取得如此多的成就。厌恶感奇迹般地让我们没有在合作时对彼此拳脚相加——事实上，就连拍打对方手腕的情况都很少发生。仅仅通过羞辱和回避那些行为对群体有害的人，厌恶感就带来了如此多的好处。

因此，一些思想家开始将厌恶感视为老天的礼物。乔治·布什（George Bush）任下的总统生物伦理委员会主席莱昂·卡斯（Leon Kass）建议我们应该注意“厌恶的智慧”。[42] 他认为当道德界限被打破时，我们内心深处的声音会发出警告。在《新共和》（*New Republic*）的一篇文章中，他呼吁人们倾听这声音对克隆人、堕胎、乱伦和兽交等行为的愤慨。他写道：“厌恶感站出来捍卫人性的核心。那些不会为之颤抖的灵魂是肤浅的。”

皮萨罗对厌恶的看法没有那么乐观，但他也自有其原因。正如我们所见，厌恶感使人觉得偏见是对的，从而将对移民、流浪汉、肥胖者和其他弱势群体的污名化变得名正言顺。此外，我们对疾病的自然厌恶助长了这样一种观念，即疾病是神对罪恶的惩罚。即便现代医学已经取得了巨大进步，这种观点仍然存在于世界各地。

我们的大脑也倾向于将血液和精液等主要恶心诱发物视为邪恶的象征。在许多文化中，遭到强暴的女子被视为罪人。她被玷污、污染了，她不再纯洁，也不再被重视。没有男人会和她在一起，因为她已经被另一个男人的罪行腐蚀了。女性的月经来潮进一步助长了对女性的厌恶，因为这种“坏血”常常被视为某种诅咒。在许多文化中，经期妇女被限制在单独隔开的区域以免污染他人。[43] 即使在世界上更世俗的地方，许多夫妇（包括男人和女人）都认为在女子经期发生性行为是错误的。由于厌恶对我们思维的影响，女性很容易被视为不洁又有违道德的人，由此得出她们应该比男性享有更少的权利。

从法律的角度看，厌恶感也会带来问题。[44]这不仅是因为将深色皮肤等同于污染和罪恶的想法会带来种族主义影响。厌恶感让我们认为血腥的罪行最为恶劣，因此应该受到最严厉的惩罚。所以，一个割喉的凶手可能比谋杀手段更精细（比如在受害者的茶里加入砒霜或者用枕头闷死受害者）的凶手得到更严厉的判决。尸体固然不好看，但是在陪审团面前一具完整的尸体比一具沾满鲜血且支离破碎的尸体更容易被接受。

皮萨罗对这种认为作案手法粗暴的人应比下手干净的人被关押得更久的逻辑感到不安。"这是一个棘手的问题，"他说，"你要不要在宣判时展示血淋淋的谋杀照片？"他指出这些图像与被告是否犯罪无关。此外，他还说："法官不能只是说'不要让这种情绪影响你'，要是人类可以完全控制情绪就太好了，但是我们做不到。"

更麻烦的是，一项对模拟陪审员的研究发现，那些非常容易感到厌恶的人更倾向于将模糊的证据判定为犯罪的证据，他们会判下更严厉的刑罚，并认为嫌疑人是邪恶的。[45]他们也比没那么容易感到厌恶的人更倾向于夸大自己社区内的犯罪普遍程度。一项包括了法律系学生、警校学生和法医专家等受试者的相关研究同样表明，厌恶敏感度与更严厉的罪行审判、更长的刑期惩罚倾向有关。[46]这种相关性甚至在对血腥证据司空见惯的资深法医专家身上也成立。直白地说，即检察官受益于陪审员对厌恶的敏锐感觉，而辩护律师（和被告）则受益于陪审员相反的性格。

皮萨罗说："负责陪审团遴选工作的人来找过我，他们想知道该怎么跟律师说明这种情况。这让我感到不寒而栗，因为你的确可以利用这种情绪来为自己谋利，而我不想成为其中一员。"[47]

当然，如果厌恶感让我们对违法的人没有那么宽容，那么或许我们应该欢迎这种感觉的存在。但这种逻辑并不能说服皮萨罗。"我和我的一位哲学家朋友共同做了一个播客，他对这个问题的看法是：'某种程度上，厌恶会加深你的既定看法，比如让你坚信猥亵儿童是错误的，然后引发反感。'我的回应是：'我希望你无须感到厌恶就能基于许多其他理由而反对猥亵儿童。'"不过他承认"也许这在现实生活中很难做到"。

虽然人们可能无法抑制道德直觉，皮萨罗希望我们能用理性和逻辑来挑战这些情绪。他说要做出合乎道德的判断可能需要漫长而艰苦的脑力劳动，例如，奴隶制应该被废除，或者食用动物是残忍的，但是随着时间的推移，我们产生的新价值观会变成另一种直觉。[48]

如果更多人愿意通过理性而不是情感来做道德判断，政治会不会没有那么两极分化？

“我们认为道德观在不同个体和文化中有很大的差异，但事实上，有很多共识也存在。”皮萨罗说，“大多数人都认为谋杀、强奸、偷窃、撒谎和不忠是错误的。而观念的分歧所在才是有趣的地方。这些分歧成了政治辞令及腐败的温床。”就像他指出的那样，人们发生冲突的领域，主要与性道德和其他与疾病传播高度相关的社会价值观有关。这可能暗含了一个激进的观点：是寄生生物分裂了我们！因此，如果我们能根除其中影响最恶劣的寄生生物，控制住我们的厌恶感，我们的态度很可能会改变，而且政治辩论也不会那么充满敌意了。

当然，这是一种近乎荒谬的简单化结论。如果你很容易产生反感，那么你可能会比其他人更容易反对堕胎。但从根本上说，这个容易引发争议的问题与你是否认为堕胎是谋杀有关。反对同性恋则可能源于孩子在由丈夫和妻子组成的传统家庭中会成长得更好的看法，而不是因为对肛交厌恶。对移民的敌意很大程度上是担心他们抢走本国公民的工作，或者可能带来安全威胁，而不是担心他们会让人生病。并不是所有事情都与寄生生物有关！

带着这个提醒，我邀请你在下一章思考一个更疯狂的想法。我们可能低估了寄生生物的政治影响力，它们也许渗透了我们的整个世界观。地缘政治学可能应该从寄生生物的角度来教授。

Chapter

< 12 >

第十二章 思想的疆域

你是否会将群体的利益置于个人的幸福之上?

几十年来，社会学家一直对世界上不同地区的人回答这个问题时的明显差异感到困惑。生活在北美和欧洲的人更有可能认为，自己才是对个人幸福和成功负责的自由个体，这种心态集中体现在美国西部对个人主义精神的鲜明的尊崇。[1] 相比之下，东部的大片区域——尤其是印度、巴基斯坦和中国——高度重视集体主义，集体的凝聚力与和谐高于个人的愿景。然而，这种态度绝不仅限于亚洲。衡量集体主义倾向的标准化问卷调查显示，南美洲和非洲等赤道地区居民的得分高过其他地区。一个社会在集体主义—个人主义系谱中所处的位置反过来又与许多其他特征相关，包括宗教观念、政治观点以及对陌生人的态度。

2007 年，新墨西哥大学的生物学家兰迪·桑希尔(Randy Thornhill)和他的研究生科里·芬奇(Corey Fincher)思考了这种强大文化差异的起源。多年来，社会科学家提出了各种各样的理论来解释这一现象，其中许多解释都侧重于历史特征、经济发展和生活方式。但是生物学家们发现这些解释还有所欠缺。没有一种解释能说明，为什么定义每个文化视角的许多特征从最初就会聚在一起。

芬奇说这让他们开始思考。“我们能以自然选择或演化史为基础来解释人们的个性和态度吗？环境的哪些方面可能促进不同的个性？”集体主义文化集中出现在赤道附近，这个寄生虫猖獗的地区引起了他们的注意。他们发现人类易受感染的特点决定了文化的许多方面。例如，人们对食物辣度的喜爱程度，以及他们对配偶美貌的重视程度——美貌在很大程度上是免疫系统强大的标志。他们认为，如果寄生虫能影响我们的习俗和审美，或许它们也能塑造我们的性情和价值观。

当他们准备验证自己的想法时，他们不知道，在平行的战线上，有另一组调查人员正在以不同的推理方式展开调查。这个调查小组的领导我们已经介绍过了，他就是加拿大的心理学家马克·沙勒。[2]他发现人们在看到让他们联想起传染病威胁的图片时，会对外国人产生更多的偏见。在沙勒的带领下，其他心理学家发现，当受试者想到病菌的时候，他们会变得更加沉默寡言，在性方面也没那么有冒险精神。受到这些观察结果的启发，沙勒和他的同事达米安·默里开始探究，这些在实验室里引发的短暂性情转变，在每天都要面临寄生虫疾病威胁的地方是否会成为持久的特征。为了完成这个任务，他们使用了由“国际性描述计划”（International Sexuality Description Project）和“文化性格档案计划”（Personality Profiles of Cultures Project）的科学家们创建的两个数据库。

沙勒和默里将这些数据叠加到古老的疾病地图上，发现了一个有趣的模式，它与实验结果完美吻合。[3]在历史上感染率较高的地区，人们可能更内向，不太愿意寻求新奇的体验。据报道，这些地区的女性和男性（程度较轻）的性生活方式受到限制。这指的是在他们的一生中伴侣较少，而且他们认为性生活应该留给稳定、忠诚的关系。简而言之，他们不会轻易交往，而且倾向于遵循可以预防疾病的传统行为准则。例如，祈祷前要洗手，鞠躬致意而不是握手，以及只与自己宗教团体里的人结婚。

沙勒和默里意识到，他们这些特点似乎是更广泛的集体主义价值观的一部分。[4]集体主义社会的显著特征就是坚持传统，不相信陌生的做事方式。躲避疾病有没有可能是这种信仰体系中一个被忽视的功能呢？

当他们开始检验这一理论时，他们接到了桑希尔打来的电话。桑希尔刚刚从一位参加了他们近期会议的同事那里听说了他们的研究成果。桑希尔和他的研究生做着同样的研究，思路也非常相似。他们愿意携手合作吗？

“我很震惊，”沙勒说，“这个研究既麻烦又古怪。然而却还有一个团队在这个领域努力。”更特别的是，他们的方法似乎高度兼容。“他们从生态学家的角度出发，而且对疾病的传播非常了解。我们是从清楚病原体如何影响行为的心理学家角度来探讨这个话题的。”此外，每个小组都制订了衡量传染病流行程度的补充评估。桑希尔和芬奇从全球传染病和流行病学网络（Global Infectious Diseases and Epidemiology Network）等处收集了98个国家的数据。沙勒和默里梳理了古老的医学地图集，来评估历史上传染病最严重的地方。他们如果一起合作，就能分别在这两组数据上检验他们的理论。这样做很有帮助，因为如果像他们假设的那样，一个地区的健康状况可以驱动其价值体系，那么一个地区历史上的疾病水平与集体主义的关联应该更加紧密。

结果表明,他们的“古怪”想法可能并没有那么古怪。[5] 高流行率的传染病是预测一个地区集体主义程度十分有效的指标。而且，正如他们所论述的，这种联系在曾经备受寄生虫困扰的地区尤为强烈。即使他们在统计中对贫困、人口密度和预期寿命等变量进行控制后，这种关联依然成立。芬奇提醒道：“我们并不是说美国的每个人都遵循个人主义，中国的每个人都遵循集体主义。这些特征在任何群体中都存在着巨大的差异。我们现在说的只是相对的普遍程度——平均值，这样你就能看出国家之间的差异。”[6]

研究人员把他们的理论命名为“寄生虫应激社交模型”。芬奇和桑希尔两位科学家很快就开始继续研究他们在世界范围内发现的模式是否也适用于美国。不出所料，他们发现美国某些州内的集体主义最盛，这种情况主要出现在南部各州。疾病控制和预防中心的数据表明那里的传染病水平最高。

桑希尔在亚拉巴马州长大，他很清楚美国南方的家庭纽带异常紧密，而且把“他们”和“我们”区分开来。[7]20世纪初的几十年里，南方的生产力远比北方低。这种发展滞后最终可以追溯到钩虫的流行，该疾病导致了大部分人贫血。美国南部地区当时也深受疟疾的困扰，要控制这个问题就必须抽干沼泽并做出其他重大努力。他认为这些综合因素或许可以解释，为什么时至今日该地区仍比美国其他地区更排外。他说，这种民族中心主义的残余思想甚至反映在人们说话的方式上。“你们大伙儿”（Y'all）是18世纪产生于美国南部的说法，它并不是“你们所有人”（you and all）的省略说法。如今，它可能这样被大家使用，但它最初起到了指代一个人所亲近群体（家人和亲密的朋友）的作用。“当语言中的（第一人称和第二人称）代词——‘我’和‘你’消失时，很可能是社会中集体主义文化盛行。个人主义文化中说‘我’比较多。虽然这个衡量标准很粗略，但它在世界各国都被认为是有效的。”

认为人类对寄生虫的应激心理适应这个单一现象就可以改变整个文化，这个观点可能听起来过于简单，但许多科学家对这一理论持开放的态度。康奈尔大学的心理学家大卫·皮萨罗就是其中之一。“我喜欢他们的研究，”他说，“我觉得这是讨论这个话题的正确方式。”[8] 进化心理学家、畅销书《白板》（*Blank Slate*）和《人性中的善良天使》（*Better Angels of Our Nature*）的作者史蒂文·平克（Steven Pinker）也表达了同样的观点。“我认为这个理论很值得研究。”[9]

当然这也招来了抨击，最常见的批评是寄生虫应激反应与集体主义之间的相关性，并不能证明二者之间的因果关系。[10] 尤其像文化这样复杂而多面的问题，其背后可能存在的未知因素很难控制。

该理论的先驱者很清楚这种风险，尽管没有简单的方法来解决这个问题，但他们已经找到了办法来让自己的观点接受更严格的检验。例如，他们基于模型提出了许多新的预测，并用社会科学不同领域收集的大量数据开展了测试。他们报告说，目前为止，他们的理论在接二连三的测试中表现良好。不仅如此，最新发现还让他们认为理论的解释力度比他们最初提出的要广泛得多。

你生活在一个民主国家还是残酷的独裁国家？你有虔诚的信仰吗？你们国家的妇女享有与男子同等的权利吗？

你周围经常爆发战争吗？桑希尔和芬奇认为寄生虫应激反应与所有这些问题都有直接关系。

除了数据分析，科学家还回顾了田野调查结果来支持他们的理论。[11] 这些研究表明，寄生虫是一种挑剔的生物，它们就像温室里的兰花。特别是在热带地区，它们只有在有限的温度和湿度范围内才能生长得更好。例如，在秘鲁和玻利维亚的某些地区，就散布着 124 种基因完全不同的人体寄生虫——利什曼原虫。这些地区的人们能很好地与其中一些共存。如果他们远离自己的居住地就会遇到新的寄生虫，从而可能导致他们生病或死亡。如果有外来人口潜入了群体，他携带的病菌对本地群体而言可能是致命的，反之，本地群体的病菌也会威胁到他。如果群体中有人决定和该外来人口交配，那么携带这个外来人口基因的后代，他们的免疫系统就不能那么有效地抵抗当地的疾病。

根据桑希尔和芬奇的理论，基于这些原因，生活在寄生虫猖獗地区的人应该不愿意与自己社群以外的人结婚。他们还应该发展出了群体身份的独特标志，比如不同的方言、信仰习俗、饮食习惯、衣着方式、珠宝首饰、音乐等，这些让群体能分出“他们”和“我们”。简而言之，该理论预测，寄生虫泛滥的地区应该会产生保守的人和巴尔干化*的社会环境——也就是社会被宗教、语言和其他障碍割裂。

这实际上就是他们的发现。通过衡量人们每周祈祷的次数、参加礼拜仪式的频率以及人种学家追踪的许多其他指标，他们还发现这些地区的人们对自己的信仰更加狂热。相比之下，无神论则盛行于寄生虫数量很少的地方。

桑希尔说："宗教学者一直对宗教信仰很感兴趣，但他们无法根据当前的范式来预测哪些国家会笃信宗教。他们的理论不是很成熟，例如，一个人的宗教信仰是否来自父母。"[12] 相比之下，他和芬奇发现流行病学数据是一个很好的指标，可以用于预测宗教热情最旺盛的地方。一个宗教的神圣仪式越繁复，对信徒的要求就越高，也越能把他们紧密地联系在一起。这样就能将信众与其他教派的成员和他们带有的寄生虫分隔开来。

桑希尔和芬奇相信，他们的理论可能还有更广泛的适用性。他们推测，在寄生虫猖獗的地区，遵循性事和卫生习惯的压力可能会让人们难以容忍那些违反常规的人。传统是神圣的，必须要严格遵守，这将创造出等级分明的社会。人们习惯于遵守规则，服从权威，不太容易接受不满——这正是建立专制政权的有利条件。

---

* 巴尔干化，地缘政治学术语，其定义为：一个国家或政区分裂成多个互相敌对的国家或政区的过程。

为了验证他们的假设，两位科学家使用了民主指数、人类自由指数和其他公开可用的指标，根据选民参与度、公民自由度、财富分配状况和性别平等衡量标准对国家从民主到专制进行了排序。[13]这些结果再次支持了他们的理论：处于寄生虫高压下的国家更有可能受到独裁者的控制，性别不平等的情况更明显，财富往往也更集中在一小群精英阶层手中。相反，传染病少的国家，财富分配更公平，妇女与男子的地位更加平等，个体也拥有更加广泛的权利。这些国家的民主体制很成熟。

如果我们相信桑希尔和芬奇的说法，那么人们对寄生虫的应激反应将会滋生出对外人的不信任，而这种不信任会导致凶杀、内乱以及社会内种族和阶级的划分。[14]他们几乎在每个地方都发现了支持这一理论的证据。“谁能想到寄生虫会与集体主义、人格特征、政治信仰、宗教狂热和内战冲突有关？如果我们的理论只适用于集体主义和个人主义的划分那也不错，但这就无法凸显出我们所做的研究意义重大了。”[15]

以科学的标准来衡量，桑希尔的风格似乎有些浮夸。这位生物学家的成就还包括在职业生涯早期对昆虫交配行为的重要研究。他被称为“学术牛仔”，不害怕钻研富有争议性的课题。这偶尔会给他带来麻烦。[16]2000年，他与人类学家克雷格·T. 帕尔默（Craig T. Palmer）合著的

《强暴的自然史》（*A Natural History of Rape*）刚出版就引发了一场风暴。他们在这本书中提出，最好从演化的角度来理解强暴，并对强暴是出于性动机的观念提出质疑。认为强暴纯粹是一种侵犯行为的人无法接受该主张，还有人将桑希尔和帕尔默的立场视作在给这个不可原谅的罪行开脱，就好像在说："法官大人，是我的基因让我这么做的。"这并不是两位研究人员的本意，他们在《今日秀》和一系列新闻节目中费尽心力地解释了这一点。但在之后甚嚣尘上的讨论中，桑希尔收到了许多死亡威胁。情况最混乱的时候，他不得不在学校警察的护送下在校园里走动。

寄生虫应激理论还没有进入公众的视野，至少现在，关于它的争论仍然局限在学术圈内。桑希尔说："目前为止，我还没有（因为这件事）收到任何针对我的死亡威胁。"但他喜欢发表大胆的言论，这表明无论好坏他仍在扮演挑衅者的角色。

沙勒和默里的态度更为谨慎。[17]沙勒谈到自己对这个模型有了"逐渐增强的信心"，他们还把研究的范围收窄了，主要聚焦于他们最擅长的领域。沙勒告诉我，宗教和内战问题不在他的研究范围之内。虽然他对桑希尔和芬奇的研究方向很感兴趣，但他还是最信任自己和默里所收集的关于专制主义的数据。

他们用不同于桑希尔和芬奇的方法研究了独裁主义与

寄生虫应激反应的关系。他们没有对国家逐个分析，而是集中研究了90个文化各异的小型社会，这样可以防止拥有共同历史的地区导致的偏见。[18]例如，某些国家之所以实行民主体制，不是因为传染病发病率低，而是因为其人口主要来自欧洲，输入了欧洲的价值观。病原体的流行程度在几乎毫无关联的不同社会中是否仍然预示着独裁统治？他们发现答案是肯定的。他们还进行了另一项研究，该研究采用了比纸面测试更具体的标准来衡量独裁主义的程度。[19]他们研究了有多少人是右撇子，背后的逻辑是，不能容忍个性的文化会迫使天生是左撇子的人使用右手。他们推断，如果高感染率会推动独裁主义价值观，那么寄生虫猖獗的地区应该有更多的右撇子。这正是他们发现的结果。

“价值体系的代价和利益可能会随着病原体的流行程度而改变。”沙勒说，“在病原体肆虐的地方，成为一个特立独行的人——西方人所说的坚定的个人主义者——需要付出的代价，可能远超过好处；而在病原体稀少的地方，情况可能正好相反。”[20]沙勒说，在后者的世界里，勇于创新和跳出思维定式更有可能会受到重视，因为这能激发创造力和技术革新。

用沙勒的话来说，“虽然现在有很多不同证据表明，病原体的流行与各种文化差异有关”，但他提醒寄生虫应激反应显然不是“唯一（在塑造社会过程中）起作用的因素。我们都知道认知行为科学中的一点：任何事物都是由多种因素决定的”。[21]

在他看来，将宗教简单地归结为是对寄生虫的防御手段就过于简单了。他强调说，即使这是宗教的一个功能（目前还只是巨大的假设），也绝不意味着宗教的产生和延续仅仅是为了这一个目的。

同样，语言的多样性、政府的类型和暴力的爆发，无疑是众多地理和历史因素的产物，而不仅仅是因为寄生虫应激反应。[要深入分析这些因素，读者可以参考贾里德·戴蒙德（Jared Diamond）获得普利策奖的著作《枪炮、病菌与钢铁》] 沙勒说，最大的挑战是搞清楚所有这些变量是如何结合在一起的，他怀疑这可能需要很多年才能解决。

我们还需要阐明寄生虫应激反应如何在态度和性格中反映出来。[22] 沙勒推测：“不同文化对不同性格特质的选择可能也不同。人们体内与情绪、性情相关的神经递质通路可能有不同频率的等位基因（基因变异）。我们在这个领域必须要谨言慎行。我和我的合作伙伴都是白人男性，我们还说欧洲人更开放、更有冒险精神。这听起来太自大了。毕竟，基因和环境的相互作用相当复杂。”

举例来说，沙勒和合作伙伴推测，如果一个人在童年时期经常产生厌恶的感觉，可能会促进或抑制与性情及风险规避相关的基因。

显然，人们会在各自的文化中学习如何预防感染。个人生活经历（例如，目睹兄弟姐妹在童年时病死）也会让人们变得对病菌高度警惕。

这其中的因果关系可能更复杂一些。芬奇推测，当免疫系统因慢性感染而处于超负荷状态时，大脑可能会发现并做出反应，将个体的精神状态调整为防御模式，这种模式表现为集体主义思维。[23]

桑希尔怀疑，人类甚至已经具有了可以判断他人血液中抗体水平的能力，通过这种能力了解周围的人是否携带了很多寄生虫。[24]

“你说的是第六感吗？”我问道。

“大脑可能有 7—500 种感觉可以帮助其检测抗体效价和免疫系统在激活状态下的持续时间，”他答道，“当你看着一个人的时候，你在评估他的年龄、激素指标、面部的对称性和身体的动作——这都与一个人的健康状况有关。体味也能提供一个人的免疫状态信息。大脑可能会读取多种多样的信息。”

寄生虫应激反应模型的设计者为了解释他们的发现而努力寻找其作用机制，而其他科学家则在审视支持该理论的基本假设，例如认为人们聚集于小团体（正式术语是“选型社会性”）有助于阻止疾病传播的观点。少数动物实验和种群遗传学家的运算模型支持这一观点。[25] 但科学家警告说，这些模型的结果取决于输入的数据，而且仍然处于初步阶段。演化心理学家丹尼尔·费斯勒指出，人类群体总是在彼此交易，动物群体则不会[26]——这有可能会削弱该理论的主张。文化人类学家的观点也开始占据一定的分量了。虽然他们中有许多人都认为该模型的各个方面似乎是合理的，但他们也发现了其中的逻辑缺陷。例如，康涅狄格大学的人类学家理查德·索西斯（Richard Sosis）和他的同事指出，传教士经常与陌生人接触，而且一些宗教习俗，比如放血仪式，会促进而不是阻止疾病的传播。[27] 尽管没有任何理论（尤其是没有一个旨在解释文化差异的理论）能做出准确的预测，但这些反例仍然提出了一些令人不安的问题，如果积累的反例太多了，这个理论可能会在重压之下崩塌。

理论的支持者们可能还会被指责为怀有政治目的，因为该模型很容易被理解为反对宗教和对集体主义的全盘控诉，而集体主义与保守的价值观密切相关。当然，那些持右倾观点的人可能会质疑研究人员的政治立场，这是可以理解的。

简而言之，这种模型是有争议的。我认为围绕它的辩论如果蔓延到公共领域，争议只会越来越多。桑希尔倒不担心自己会损害谁的利益，也不担心模型是否经得起仔细检验。[28]“到目前为止，证明我们错了的证据都是错的。”他幽默地眨着眼睛说。

“如果你是对的，”我问道，“它会带来哪些改变呢？”

“如果我们是对的，那么拯救世界就意味着要减少寄生虫带来的应激反应。要格外关注这一点。很多人会说我们要建学校。还有人会说，我们必须在这些国家建立经济制度来让它们变得更好。而我们的数据和想法认为，从根本上来说，人们应该在预防非人畜共患疾病（人传人的疾病）上面努力。然后等到合适时机，我们的下一代在疾病控制更好的环境中成长时，社会中就会有更多思想开明的孩子。经济生产力将得到提高，因为那时不会有那么多社会阻碍了。思想交流会更频繁。人们对教育产生兴趣，然后你才能拯救世界。”

当我让桑希尔指出一个体现了他这个观点的国家时，他反驳道 :“整个西方世界都是这样的，传染病正在逐渐减少。20 世纪 20 年代人们开始把氯加到水里消毒。20 世纪 30 年代又出台了食品处理和卫生法规。这些发展在西方世界快速传播，但在其他地方却没有出现。大约与此同时，出现了抗生素。到了 1945 年，水中开始添加氟，这种方法迅速扩散。这消除了所有口腔传染病。同年还出现了滴滴涕(DDT),它消灭了所有病媒昆虫。疟疾和其他(通过昆虫传播的) 人类疾病也消失了。”

“20 世纪 60 年代，一场文化革命兴起，包括公民权利、妇女权利、性革命。这些全都在传染病得以清除后产生，尤其是西方自由主义盛行的地区。在这些地区以外都没有发生过。”

毫无疑问，许多人可能会质疑这种富有争议性的历史观念。但如果我们接受他的前提假设，那么明智的做法就是，在重新审视地缘政治目标的时候，把寄生虫应激反应也考虑进去。随着埃博拉病毒在西非肆虐，许多发展中国家依然缺乏最基本的医疗基础设施。在寄生虫猖獗的地区，大量人口缺乏医院、医生、药品或手术设备。与此同时，富裕国家往往在这些欠发达的地区投入大量资金，目的仅仅是遏制那里由种族仇恨和宗教矛盾引发的战争，而不是应对由此带来的难民危机和其他暴力事件引发的悲剧。桑希尔的模型预测，西方国家如果一开始就在医疗保健上投入更多，此后可能就不必在战争上花那么多钱了，而且最终也许可以更有效地减少人类的苦难。

一群由罗素 · 鲍威尔（ Russell Powell ）领导的牛津大学伦理学家认为，寄生虫应激理论可能会改变富裕国家进行外交决策的方式。[29] 他们在《行为与脑科学》(*Behavioral and Brain Sciences*) 上写道 :“如果这个论断是正确的，那么与传染病相关的干预措施可能会产生更深远的社会、经济和政治影响。众所周知，社会选择可能影响人们对传染病的易感程度，但几乎没有人想到，传染病可以通过直接的因果途径影响社会政治选择。”

我在本书的开头提醒过：我们对自己思想的控制力可能比想象得要少，我们也许会幻想自己坐在驾驶座上，但我们却不知道，一位看不见的乘客可能正在操纵着我们的选择和行为。

的确有许多看不见的乘客争着要操纵我们，甚至可能在同时操纵着我们。就在我们向前行驶的时候，我们会看到前方有警示危险的路标。你的行为免疫系统无时无刻不在谨慎评估他人，决定你是否应该表现得热情友好，甚至和对方发生性行为，还是采取一种高冷的姿态。这些人际交往方式通过多年的积累和在世界各地的传播，甚至可能塑造构建了人类社会的文化。

DNA 是所有操纵者之母，是老大的老大。它是最高产的复制器。它影响了地球上的每一种生物，迫使数不尽的宿主为了将它传递下去奉献了一生。当然，基因可以诱导人类做出非常愚蠢的事情，比如让你迷上对自己不好的人，因为小时候资源匮乏长大后暴饮暴食，或者（尤其在节育手段出现之前）在人生中错误的时间生下小孩。

这场深入寄生生物及宿主内心和思想的冒险之旅，将我们从基因带到了地缘政治学，这是一个相当大的飞跃。但就我们所知，这趟旅程可能不会就此结束。我们自己也许就是某个宇宙超级野兽体内的有机体。我们称为“宇宙”的东西只不过是它可怕的巨型肠胃里一个膨胀的泡泡。我们不能理解这只野兽的复杂心理和目的，就好像大肠杆菌不能想象是什么让人类生存发展，或者理解它们和我们寿命之间巨大的时间差异一样。

我可能有些忘乎所以了。我满脑子都是有关寄生生物的想法。据我所知，它们甚至可能早就潜伏在我的大脑里，悄悄地蚕食着我的理智。大自然充满了可怕又了不起的惊喜。不久之前，人体黑暗、臭烘烘的体腔内的微生物会影响人类行为的观点还被许多人嘲笑，并且几乎没有人预见到，单细胞寄生虫竟会有能力诱骗老鼠去靠近猫。

俗话说，拿着锤子的人看什么都像钉子。这本书的世界观完全以寄生生物为中心。我透过那狭窄的镜头，过滤了大量演化和历史。虽然我努力做到不偏不倚，但我承认自己对寄生生物充满了敬佩，所以我可能有时夸大了它们的作用。当然，它们在过去曾被严重忽视过，现在它们的能力也仍然被严重低估，尤其是它们非凡的思想操纵能力，以及它们影响人类和动物行为的无数途径。

这门科学仍然年轻且充满变数。但是，该领域的发展已经将我们带到了一个激动人心的地方。因为通过承认和研究寄生生物施加于我们身上的力量，我们肯定会增强自己的力量。

试想一下，这些问题的答案会把我们带去哪里呢？如果寄生生物导致了精神疾病或交通事故，我们如何才能把它们从大脑中清除出去，或者阻止它们这样做呢？如果我们肠道中的微生物可以改善情绪，降低焦虑，那么我们如何才能更好地利用它们呢？如果文化战争，甚至真正的战争背后的原因是我们对传染的恐惧，那么了解这一点难道不重要吗？在所有动物中，只有我们不是完全由本能驱使。我们可以质疑世界的运转方式，并利用这些知识来创造强效的药物，成就奇迹。我们可以质疑自己的价值观，一旦发现其中的缺陷，可以努力反其道而行之。

随着越来越多的人对自己的道德直觉产生怀疑，减少对它的依赖，也许偏见会逐渐消失。人们也许会开始服用益生菌而不是百忧解。未来难以预测。只有一点可以肯定：寄生生物与我们的心理和存在紧密交织在一起。事实上，与其说我们是人类，不如说我们更像微生物。我们相信，人类对自己的这一全新看法将为世界带来崭新的机遇。

致谢

如果没有我善良、充满活力、能力非凡的丈夫约书亚·科恩（Joshua Cohn），这本书可能永远也不能完成，至少不会按时完成。尽管他自己的工作很繁忙，他还是对我的每一份草稿都提出了建议，改进了每个版本的书稿。这样的例子有很多。我曾提到过是他完全承担了修剪草坪、采买杂物和做饭的工作吗？

在我写这本书的时间里，我的孩子蕾切尔（Rachel）和丹尼尔（Daniel）从少年成长为成年人。他们也很支持我的这项工作，而且从来没有抱怨过自己有一个心不在焉的母亲，整天念叨着寄生虫。我的妹妹吉赛尔·麦考利夫（Gisele McAuliffe）比我更有条理，还是位电脑小能手。她提出了有关如何高效工作的明智建议，并时刻准备着为我解决电脑技术问题。她和她的丈夫大卫·凯莱布（David Caleb）都从头到尾地仔细检查了这份书稿，指出了讹误以及需要进一步修改的地方。

我也很幸运在这个项目的一开始就得到了好友的热心支持。其中有几位需要特别提一下。

畅销书作家菲比·霍本（Phoebe Hoban）告诉了我出版业从头到尾的复杂过程。每当我遭遇瓶颈时，她总能给我安慰。

在我感到恐慌，心想自己永远无法为本书想出一个令人满意的结论时，我的音乐家朋友蒂姆·迪瓦恩（Tim Devine）总能灵光一闪，提供了不起的想法，甚至以优美的文笔写下来，让我对他的作家天赋羡慕不已。我很想把他的话复制粘贴过来，但谢天谢地我的灵感总算在最后期限前出现了。

另一位科普作家华莱士·雷文（Wallace Ravven）也在最后一刻提供了帮助，他让我注意到一些他认为写得还不够准确细致的段落。他是对的。基于他的评论，我在最后一刻做了一些修改，我认为这些修改可能会让我避免遭到一些不好的评论（至少我这样祈祷）。

我还要感谢我的文学经纪人佐伊·帕格纳门塔（Zoë Pagnamenta），她总是能以光速回答我的问题，似乎能一夜之间读完每一版的书稿，并在本书的各个方面提供深思熟虑的反馈和指导。[非常感谢诺顿出版社的鲍勃·韦尔（Bob Weil）将我引荐给她。]

我很幸运地得到了一位审稿人兼医师的帮助。特雷西·罗伊（Tracy Roe）不仅注意到了每个细节，还标出了一些难以理解的段落，并建议我对内容进行补充完善。

我的编辑曾感谢我把本书的参考文献以适当的格式整理好，为她节省了很多时间，但这实际上是林赛·迪瓦恩（Lindsay Devine）的功劳。我雇她来做这份工作，她做得比我好多了。

我与编辑兼出版人埃蒙·多兰（Eamon Dolan）在各个方面的合作都很愉快。他性格开朗、高效、有决断力。他清楚地知道自己想要什么，并能很好地表达出来。他改掉了我一些不好的写作习惯，如“无力的疑问句过渡”，以及他称之为“香肠包装”的优美但空洞的段落。这都是我长期以来的坏习惯，但我很高兴它们最终没有被印出来。谢谢你，埃蒙！

许许多多的科学家为这本书作出了贡献，我难以将他们一一列举出来。我仅在此列出一些特别慷慨付出的科学家：琳恩·奥罗、雪莱·埃达默（Shelley Adamo）、马丁·J. 布莱泽、杰拉尔德·L. 克洛尔、斯蒂芬·M. 柯林斯、约翰·克莱恩、瓦莱丽·柯蒂斯、威廉·艾伯哈德、安德鲁·埃文斯、丹尼尔·费斯勒、科里·芬奇、亚洛斯拉夫·弗莱格、本杰明·L. 哈特和丽奈特·哈特、西莉亚·霍兰、帕特里克·豪斯、迈克尔·A. 霍夫曼、大卫·休斯、克莱门斯·沃尔特·詹森（Clemens Walter Janssen）、凯文·拉夫尔提、弗雷德里克·利波塞特、埃默兰·梅耶、格伦·A. 麦克柯齐、贾妮丝·穆尔、查尔斯·纳恩、迈克尔·邦·彼得森、大卫·皮萨罗、特奥多尔·波斯托拉契、罗伯特·普兰、尼古拉斯·罗德、保罗·罗津、罗伯特·萨波尔斯基、马克·沙勒、加里·谢尔曼、弗雷德里克·托马斯、兰迪·桑希尔、E. 富勒·托里、阿詹·维亚斯、迈克尔·沃尔什、乔安妮·韦伯斯特、杰拉尔丁·赖特、罗伯特·约肯、塞拉·L. 扬。

《纽约时报》科普作家卡尔·齐默（Carl Zimmer）的著作《寄生虫大王》（*Parasite Rex*）间接地促成了本书。这本出版于2003年的杰作让我第一次接触到寄生性操纵者，同时，它也是一部难以超越的作品。

注释

导言

1．Randolph M. Nesse and George C. Williams, *Why We Get Sick: The New Science of Darwinian Medicine* (New York: Vintage, 1994), 38.

2．Michael D. Gershon, *The Second Brain: Your Gut Has a Mind of Its Own* (New York: HarperCollins, 1998), 88.

3．M. J. Blaser, "Who Are We? Indigenous Microbes and the Ecology of Human Diseases," *European Molecular Biology Organization Reports* 7, no. 10 (2006): 956.

4．Jared Diamond, *Guns, Germs, and Steel* (New York: W. W. Norton, 1997), 77–78.

5．See https://virus.stanford.edu/uda/.

6．Sonia Shah, "The Tenacious Buzz of Malaria," *Wall Street Journal,* July 10, 2010, http://www.wsj.com/articles/SB10001424052748704111704575354911834340450.

第一章　寄生虫时髦之前

1．Janice Moore, interview by the author, September 1, 2012.

2．Janice Moore, interview by the author, Massa Marittima, Italy, March 18, 2012.

3．Moore, interview by the author, October 2011.

4．Moore interview, March 18, 2012.

5．Moore interview, September 1, 2012.

6．Janice Moore, "Parasites That Change the Behavior of Their Host," *Scientific American* (March 1984): 109–15.

7．Ibid., 109–11.

8．Moore interview, September 1, 2012.

9．Moore interview, March 18, 2012.

10．Robert Poulin, interview by the author, Massa Marittima, Italy, March 18, 2012.

第二章　搭便车

1. Frédéric Thomas, interview by the author, Massa Marittima, Italy, March 19, 2012.
2. C. Zimmer, "The Guinea Worm: A Fond Obituary," *The Loom*(blog), *National Geographic,*January 24, 2013, http://phenomena.nationalgeographic.com/2013/01/24/the-guinea-worm-a-fond-obituary/ .
3. "Dracunculiasis (Guinea-Worm Disease)," World Health Organization, May 2015, http://www.who.int/mediacentre/factsheets/fs359/en/.
4. D. G. McNeil Jr., "Another Scourge in His Sights," *New York Times,* April 22, 2013.
5. M. Douclef, "Going, Going, Almost Gone: A Worm Verges on Extinction," *Goats and Soda* (blog), National Public Radio, July 8, 2014.
6. Janice Moore, *Parasites and the Behavior of Animals* (Oxford: Oxford University Press, 2002), Kindle edition, chapter 3.
7. M. Simon, "Absurd Creature of the Week: The Parasitic Worm That Turns Snails into Disco Zombies," *Wired,* September 19, 2014, http://www.wired.com/2014/09/absurd-creature-of-the-week-disco-worm/.
8. Moore, *Parasites and the Behavior of Animals,* chapter 3.
9. Nicolas Rode, interview by the author, April 15, 2015; N. Rode et al., "Why Join Groups? Lessons from Parasite-Manipulated Artemia," *Ecology Letters* (2013): 1–3, doi: 10.1111/ele.12074.
10. Kevin Laferty, interview by the author, July 27 and August 3, 2011.
11. K. Laferty and A. Kimo Morris, "Altered Behavior of Parasitized Killifish Increases Susceptibility to Predation by Bird Final Hosts," *Ecology* 77, no. 5 (1996): 1390.
12. J. C. Shaw et al., "Parasite Manipulation of Brain Monoamines in California Killifish (*Fundulus parvipinnis*) by the Trematode Euhaplorchis Californiensis," *Proceedings of the Royal Society B* 276 (2009): 1137, doi:10.1098/rspb.2008.1597.
13. T. Sato et al., "Nematomorph Parasites Drive Energy Flow Through a Riparian Ecosystem," *Ecology* 92, no. 1 (2011): 201.
14. C. Zimmer, *Parasite Rex* (New York: Simon and Schuster, 2000), Kindle edition, chapter 4. Also see J. C. Koella, F. L. Sorensen, and R. A. Anderson, "The Malaria Parasite, *Plasmodium falciparum,* Increases the Frequency of Multiple Feeding of Its Mosquito Vector, *Anopheles gambiae,*" *Proceedings of the Royal*

Society B 265 (1998): 763–68.

15. Koella, Sorensen, and Anderson, "The Malaria Parasite," 763.

16. Zimmer, *Parasite Rex,* chapter 4.

17. R. Lacroix et al., "Malaria Infection Increases Attractiveness of Humans to Mosquitoes," *PLoS Biology* 3, no. 9 (September 2005): 1590–93. Also see R.. C. Smallegange et al., "Malaria Infected Mosquitoes Express Enhanced Attraction to Human Odor," *PLoS One* 8 (2013): e63602, doi: 10.1371/journal.pone.0063602 and L. J. Cator et al., "Alterations in Mosquito Behaviour by Malaria Parasites: Potential Impact on Force of Infection," *Malaria Journal* 13 (May 1, 2014): 164, doi: 10.1186/1475-2875-13-164.

18. B. O'Shea et al., "Enhanced Sandfly Attraction to *Leishmania*-Infected Hosts," *Transactions of the Royal Society of Tropical Medicine and Hygiene* 96 (2002): 117–18.

19. D. G. McNeil Jr., "A Virus May Make Mosquitoes Even Thirstier for Human Blood," *New York Times,* April 2, 2012.

20. "Ten Facts on Malaria," World Health Organization fact sheet, updated November 2015, http://www.who.int/mediacentre/factsheets/fs094/en.

21. "Dengue and Severe Dengue," World Health Organization fact sheet, updated May 2015, http://www.who.int/mediacentre/factsheets/fs117/en/.

22. Leishmaniasis FAQs, U.S. Centers for Disease Control and Prevention, updated January 10, 2013, http://www.cdc.gov/parasites /leishmaniasis/gen_info/faqs.html; Plague FAQs, U.S. Centers for Disease Control and Prevention, http://www.cdc.gov/plague/faq/.

23. Mark C. Mescher, interview by the author, June 29, 2014.

24. X. Martini et al., "Infection of an Insect Vector with a Bacterial Plant Pathogen Increases Its Propensity for Dispersal," *PLoS One* 10, no. 6 (2015): e0129373, doi: 10.1371/journal.pone.0129373.

25. K. M. Wilmoth, "Citrus Greening Bacterium Changes the Behavior of Bugs to Promote Its Own Spread," press release, University of Florida, July 29, 2015, http://www.newswise.com/articles/view/637908?print-article.

26. J. Ball, "Oranges Bug 'Hacks Insect Behaviour,'" BBC News, July 1, 2015.

27. Anthony Keinath, "Citrus Greening Disease in Charleston, Five Years Later," *Post and Courier,* April 20, 2014.

28. Ball, "Oranges Bug 'Hacks Insect Behaviour.'"

第三章　行尸走肉

1. William Eberhard, interview by the author, January 31, 2013.
2. Frederic Libersat, interview by the author, March 20, 2012, and November 5, 2015. For a good overview article, see Frederic Libersat and Ram Gal, "Wasp Voodoo Rituals, Venom-Cocktails, and the Zombification of Cockroach Hosts," *Integrative and Comparative Biology* (2014): 1–14, doi:10.1093/icb/icu006.
3. Jens T. Høeg, interview by the author, November 3, 2015. Also, for an exquisite description of *Sacculina*, see C. Zimmer, *Parasite Rex* (New York: Simon and Schuster, 2000), Kindle edition, chapter 4.
4. David Hughes, interview by the author, August 9, 2013.
5. Geraldine Wright, interview by the author, August 10, 2013.
6. Ibid.; also G. A. Wright et al., "Caffeine in Floral Nectar Enhances a Pollinator' s Memory of Reward," *Science* 339, no. 1202 (2013): 1202–4, doi: 10.1126/science.1228806.
7. D. Borota et al., "Post-Study Caffeine Administration Enhances Memory Consolidation in Humans," *Nature Neuroscience* 17, no. 2 (February 2014): 201–3. Also see I. Sample, "Coffee May Boost Brain' s Ability to Store Long-Term Memories, Study Claims," *Guardian,* January 12, 2014, and S. E. Favila and B. A. Kuhl, "Stimulating Memory Consolidation," *Nature Neuroscience* 17, no. 2 (February 2014): 151–52.
8. Michael Yassa, interview by the author, November 4, 2015.
9. Wright interview.

第四章　催眠大法

1. Jaroslav Flegr, interview by the author, summer 2011 and September 21 and September 22, 2011.
2. Robert Sapolsky, interview by the author, summer 2011.
3. E. Fuller Torrey, interview by the author, summer 2011.
4. Joanne Webster, interview by the author, summer 2011.
5. Torrey interview.
6. Flegr interview.
7. W. M. Hutchison, P. P. Aitken, and B.W.P. Wells, "Chronic *Toxoplasma* Infections and Familiarity-Novelty Discrimination in the Mouse," *Annals of Tropical*

Medicine and Parasitology 74 (1980): 145–50.

8. J. Hay et al., "The Effect of Congenital and Adult-Acquired *Toxoplasma* Infections on Activity and Responsiveness to Novel Stimulation in Mice," *Annals of Tropical Medicine and Parasitology* 77 (1983): 483–95.
9. V. O. Jirovec, "Die Toxoplasmose-Forschung in der Tscheehoslowakei," *Tropenmedizin Und Parasitologie* 7, no. 3 (September 1956): 281–82.
10. Flegr interview.
11. K. McAulife, "How Your Cat Is Making You Crazy," *Atlantic,* March 2013.
12. Flegr interview.
13. J. Flegr and I. Hrdý, "Influence of Chronic Toxoplasmosis on Some Human Personality Factors," *Folia Parasitology* 41 (1994): 122–26.
14. J. Flegr et al., "Induction of Changes in Human Behaviour by the Parasitic Protozoan *Toxoplasma gondii,*" *Parasitology* 113 (1996): 49–54.
15. J. Lindova et al., "Gender Differences in Behavioural Changes Induced by Latent Toxoplasmosis," *International Journal for Parasitology* 36 (2006): 1485–92.
16. Flegr interview.
17. J. Havlicek et al., "Decrease of Psychomotor Performance in Subjects with Latent 'Asymptomatic' Toxoplasmosis," *Parasitology* 122 (2001): 515.
18. J. Flegr et al., "Increased Risk of Traffic Accidents in Subjects with Latent Toxoplasmosis: A Retrospective Case-Control Study," *BioMed Central Infectious Diseases* 2 (July 2002): 11.
19. J. Flegr et al., "Increased Incidence of Traffic Accidents in *Toxoplasma*-Infected Military Drivers and Protective Effect RhD Molecule Revealed by a Large-Scale Prospective Cohort Study," *BioMed Central Infectious Diseases* 9 (May 2009): 72.
20. Flegr interview.
21. J. Horacek et al., "Latent Toxoplasmosis Reduces Gray Matter Density in Schizophrenia but Not in Controls: Voxel-Based-Morphometry (Vbm) Study," *World Journal of Biological Psychiatry* 13 (2012): 501.
22. J. Horacek, interview by the author, September 21, 2011.
23. M. Aslan et al., "Higher Prevalence of Toxoplasmosis in Victims of Traffic Accidents Suggest Increased Risk of Traffic Accident in *Toxoplasma*-Infected Inhabitants of Istanbul and Its Suburbs," *Forensic Science International*

187, nos. 1–3 (May 30, 2009): 103. Also see K. Yereli, I. C. Balcioglu, and A. Ozbilgin, "Is *Toxoplasma gondii* a Potential Risk for Traffic Accidents in Turkey?," *Forensic Science International* 163 (2006): 34, and M. L. Galván-Ramírez, L. V. Sánchez-Orozco, and L. Rocío Rodríguez, "Seroepidemiology of *Toxoplasma gondii* Infection in Drivers Involved in Road Traffic Accidents in the Metropolitan Area of Guadalajara, Jalisco, Mexico," *Parasites and Vectors* 6 (2013): 294.

24. C. Alvarado-Esquivel et al., "High Seroprevalence of *Toxoplasma gondii* Infection in a Subset of Mexican Patients with Work Accidents and Low Socioeconomic Status," *Parasites and Vectors* 5 (2012): 13.
25. Jaroslav Flegr, interview by the author, Massa Marittima, Italy, March 20, 2012.
26. J. Lindová, L. Příplatová, and J. Flegr, "Higher Extraversion and Lower Conscientiousness in Humans Infected with Toxoplasma," *European Journal of Personality* 26 (2012): 285.
27. Webster interview.
28. Joanne Webster, interview by the author, May 2012.
29. Webster interview, summer 2011. Also see M. Berdoy, J. P. Webster, and D. W. Macdonald, "Fatal Attraction in *Toxoplasma*-Infected Rats: A Case of Parasite Manipulation of Its Mammalian Host," *Proceedings of the Royal Society B* 267 (2000): 1591–94.
30. Glenn McConkey, interview by the author, September 16, 2011, and May 1, 2012.
31. E. Gaskell et al., "A Unique Dual Activity Amino Acid Hydroxylase in *Toxoplasma gondii*," *PLoS One* 4, no. 3 (March 2009): e4801.
32. E. Prandovszky et al., "The Neurotropic Parasite *Toxoplasma gondii* Increases Dopamine Metabolism," *PLoS One* 6, no. 9 (September 2011): e23866.
33. Webster interview, summer 2011.
34. Robert Sapolsky, interview by the author, September 13, 2011.
35. R. Sapolsky, "Bugs in the Brain," *Scientific American* (March 2003).
36. R. Sapolsky, "Toxo: A Conversation with Robert Sapolsky," *Edge,* December 4, 2009, http://edge.org/conversation/robert_sapolsky-toxo.
37. Ibid.
38. Patrick House, interview by the author, Palo Alto, California, July 18, 2014.
39. Sapolsky interview, summer 2011 and September 13, 2011.

40. Ajai Vyas, interview by the author, summer 2011.

41. Flegr interview, summer 2011 and October 2011. Also see J. Flegr et al., "Fatal Attraction Phenomenon in Humans—Cat Odour Attractiveness Increased for *Toxoplasma*-Infected Men," *PLoS* 5, no. 11 (November 2011): e1389.

42. Vyas interview.

43. Katty Kay and Claire Shipman, "The Confidence Gap," *Atlantic,* May 2014.

44. S. A. Hari Dass and A. Vyas, "*Toxoplasma gondii* Infection Reduces Predator Aversion in Rats Through Epigenetic Modulation in the Host Medial Amygdala," *Molecular Ecology* 23, no. 4 (December 2014): 6114–22, doi: 10.1111/mec.12888.

45. Doruk Golcu, Rahiwa Z. Gebre, and Robert M. Sapolsky, "*Toxoplasma gondii* Influences Aversive Behaviors of Female Rats in an Estrus Cycle Dependent Manner," *Physiology and Behavior* 135 (2014): 98–103.

46. Doruk Golcu, interview by the author, November 10, 2015.

47. House interview.

48. Andrew Evans, interview by the author, May 13 and May 15, 2013, and March 24 and March 25, 2014.

49. Sapolsky interview, summer 2011 and September 13, 2011.

50. Webster interview, summer 2011.

51. House interview.

52. E. Fuller Torrey, interview by the author, Bethesda, Maryland, January 22, 2013.

53. E. Fuller Torrey, interview by the author, July 28, 2011.

54. E. Fuller Torrey and Judy Miller, *The Invisible Plague: The Rise of Mental Illness from 1750 to the Present* (New Brunswick, NJ: Rutgers University Press, 2001).

55. Torrey interview, July 28, 2011.

56. E. F. Torrey, J. J. Bartko, and R. H. Yolken, "*Toxoplasma gondii* and Other Risk Factors for Schizophrenia: An Update," *Schizophrenia Bulletin* 38, no. 3 (2012): 642–47, doi:10.1093/schbul/sbs.

57. Torrey interview, July 28, 2011; Robert Yolken, interview by the author, July 25, 2011.

58. Teodor Postolache, interview by the author, Baltimore, Maryland, January 17, 2013.

59. V. J. Ling et al., "*Toxoplasma gondii* Seropositivity and Suicide Rates in Women," *Journal of Nervous and Mental Disease* 199, no. 7 (July 2011).

60. M. G. Pedersen et al., "*Toxoplasma gondii* Infection and Self Directed Violence in Mothers," *Archives of General Psychiatry* 69, no. 11 (November 2012): 1124–29.

61. F. Yagmur et al., "May *Toxoplasma gondii* Increase Suicide Attempt? Preliminary Results in Turkish Subjects," *Forensic Science International* 199, nos. 1–3 (June 15, 2010): 15–17, doi: 10.1016/j.forsciint.2010.02.020.

62. Y. Zhang et al., "*Toxoplasma gondii* Immunoglobulin G Antibodies and Nonfatal Suicidal Self-Directed Violence," *Journal of Clinical Psychiatry* 73, no. 8 (2012): 1069–76, doi: 10.4088/JCP.11m07532.

63. T. Arling, R. H. Yolken, and M. Lapidus, "*Toxoplasma gondii* Antibody Titers and History of Suicide Attempts in Patients with Recurrent Mood Disorders," *Journal of Nervous and Mental Disease* 197, no. 2 (December 2009): 905.

64. T. B. Cook et al., " 'Latent' Infection with *Toxoplasma gondii*: Association with Trait Aggression and Impulsivity in Healthy Adults," *Journal of Psychiatric Research* 60 (January 2015): 87–94.

65. Postolache interview.

第五章　危险关系

1. C. Reiber, interview by the author, August 18, 2011, and January 13, 2013.

2. Ibid.; and Janice Moore, interview by the author, fall 2011 and January 6, 2015.

3. C. Reiber et al., "Changes in Human Social Behavior in Response to a Common Vaccine," *Annals of Epidemiology* 20, no. 10 (October 2010), doi: 10.1016/j.annepidem.2010.06.014.

4. C. Reiber, interview by the author, January 15, 2013; Moore interview, fall 2011 and January 6, 2015.

5. Kristi McGuire, "Traffic: Carl Zimmer and W. Ian Lipkin," *The Chicago Blog*, April 11, 2015, http://pressblog.uchicago.edu/2011/05/03/traffic-carl-zimmer-and-w-ian-lipkin.html.

6. Reiber interview, January 15, 2013.

7. Frédéric Thomas, interview by the author, Massa Marittima, Italy, March 19, 2012.

8. Charles Rupprecht, interview by the author, December 12, 2012; and see B. Wasik

and M. Murphy, *Rabid: A Cultural History of the World's Most Diabolical Virus* (New York: Penguin, 2012), 9; J. K. Dutta, "Excessive Libido in a Woman with Rabies," *Postgraduate Medical Journal* 72 (1996): 554; and A. M. Gardner, "An Unusual Case of Rabies," *Lancet* 296, no. 7671 (1970): 523.

9. K. Kete, *The Beast in the Boudoir: Pet keeping in Nineteenth Century Paris* (Berkeley: University of California Press, 1994), 101–2.

10. Wasik and Murphy, *Rabid,* 9.

11. Rupprecht interview.

12. "Rabies," World Health Organization, updated September 2015, http://www.who.int/mediacentre/factsheets/fs099/en/.

13 Wasik and Murphy, *Rabid,* 10.

14. Ibid., 8.

15. S. Senthilkumaran et al., "Hypersexuality in a 28-Year-Old Woman with Rabies," *Archives of Sexual Behavior* 40, no. 6 (2011): 1327–28.

16. J. Gómez-Alonso, "Rabies: A Possible Explanation for the Vampire Legend," *Neurology* 51 (1998): 856–59.

17. Celia Holland, interview by the author, November 13, 2012.

18. M.R.H. Taylor et al., "The Expanded Spectrum of Toxocaral Disease," *Lancet* (March 26, 1988): 692.

19. M. G. Walsh and M. A. Haseeb, "Reduced Cognitive Function in Children with Toxocariasis in a Nationally Representative Sample of the United States," *International Journal for Parasitology* 42 (2012): 1159–63, http://www.ncbi.nlm.nih.gov/pubmed/23123274.

20. Michael Walsh, interview by the author, November 13, 2012.

21. Holland interview.

22. Walsh interview.

23. Charles Nunn, interview by the author, April 15, 2015.

第六章　遇事不决，肠道直觉

1. G. Kolata, "In Good Health? Thank Your 100 Trillion Bacteria," *New York Times,* June 13, 2012,http://www.nytimes.com/2012/06/14/health/human-microbiome-project-decodes-our-100-trillion-good-bacteria.html.

2. J. F. Cryan and T. G. Dinan, "Mind-Altering Microorganisms: The Impact of the Gut Microbiota on Brain and Behavior," *Nature Reviews Neuroscience* 13, no.

10 (2012): 702, doi: 10.1038 /nrn3346.

3. D. Grady, "Study Sees Bigger Role for Placenta in Newborns' Health," *New York Times,* May 21, 2014, http://www.nytimes.com/2014/05/22/health/study-sees-bigger-role-for-placenta-in-newborns-health.html.

4. Stephen Collins, interview by the author, January 7, 2013. ***Children and adults typically:*** C. Lozupone et al., "Diversity, Stability and Resilience of the Human Gut Microbiota," *Nature* 489 (September 13, 2012): 220–23, doi: 10.1038/nature11550.

5. M. J. Blaser, interview by the author, December 18, 2012.

6. Kolata, "In Good Health."

7. Cryan and Dinan, "Mind-Altering Microorganisms," 704.

8. Ibid., 701–9; and P. Forsythe et al., "Mood and Gut Feelings," *Brain, Behavior, and Immunity* 24 (2010): 9–16, doi:10.1016/j.bbi.2009.05.058.

9. A. Hadhazy, "Think Twice: How the Gut's 'Second Brain' Influences Mood and Well-Being," *Scientific American* (February 12, 2010), http://www.scientificamerican.com/article/gut-second-brain/.

10. Lindsay Borthwick, "Microbiome and Neuroscience: The Mind-Bending Power of Bacteria," Kavli Foundation, Winter 2014, http://www.kavlifoundation.org/science-spotlights/mind-bending-power-bacteria.

11. M. Almond, "Depression and Inflammation: Examining the Link," *Current Psychiatry* 12, no. 6 (June 2013): 24–32. Also see A. Naseribafrouei et al., "Correlation Between the Human Fecal Microbiota and Depression," *Neurogastroenterology and Motility* 26 (2014): 1155–62.

12. Collins interview.

13. M. Wenner Moyer, "Gut Bacteria May Play a Role in Autism," *Scientific American* (August 14, 2014).

14. J. Gilbert et al., "Toward Effective Probiotics for Autism and Other Neurodevelopmental Disorders," *Cell* 155, no. 7 (2013): 1446, http://dx.doi.org/10.1016/j.cell.2013.11.035.

15. S. Collins, M. Surette, and P. Bercik, "The Interplay Between the Intestinal Microbiota and the Brain," *Nature Reviews Microbiology* 10, no. 11 (2012): 735–42, doi: 10.1038/nrmicro2876.

16. M. G. Gareau et al., "Bacterial Infection Causes Stress-Induced Memory Dysfunction in Mice," *Gut* 60, no. 3 (2011): 307–17, doi: 10.1136/gut.2009.202515.

17. R. Heijtz et al., "Normal Gut Microbiota Modulates Brain Development and Behavior," *Proceedings of the National Academy of Sciences of the United States of America* 108, no. 7 (2011): 3047–52, doi: 10.1073/pnas.1010529108.

18. Gareau et al., "Bacterial Infection Causes Stress-Induced Memory Dysfunction," 307.

19. J. Cryan, interview by the author, December 10, 2012. Also see J. Bravo et al.,"Ingestion of *Lactobacillus* Strain Regulates Emotional Behavior and Central GABA Receptor Expression in a Mouse Via the Vagus Nerve," Proceedings of the National Academy of Sciences of the United States of America 108, no. 38 (2011): 16050–55, doi: 10.1073/pnas.1102999108.

20. F. Dickerson, interview by the author, March 26, 2014.

21. Yoshihisa Urita et al., "Continuous Consumption of Fermented Milk Containing *Bifidobacterium bifidum* YIT 10347 Improves Gastrointestinal and Psychological Symptoms in Patients with Functional Gastrointestinal Disorders," *Bioscience of Microbiota, Food and Health* 34, no. 2 (2015): 37–44. Also C. Janssen, interview by the author, June 25, 2013, and December 7, 2015.

22. F. Indrio et al., "Prophylactic Use of a Probiotic in the Prevention of Colic, Regurgitation, and Functional Constipation: A Randomized Clinical Trial," *JAMA Pediatrics* 168, no. 3 (2014): 228–33, doi: 10.1001/jamapediatrics.2013.4367. Also see B. Chumpitazi and R. J. Shulman, "Five Probiotic Drops a Day to Keep Infantile Colic Away?," *JAMA Pediatrics* 168, no. 3 (2014): 204–5, doi:10.1001/jamapediatrics.2013.5002.

23. F. Savino et al., "*Lactobacillus reuteri* (American Type Culture Collection Strain 55730) Versus Simethicone in the Treatment of Infantile Colic: A Prospective Randomized Study," *Pediatrics* 119, no. 1 (2007): e124–e130.

24. M. Messaoudi et al., "Assessment of Psychotropiclike Properties of a Probiotic Formulation (*Lactobacillus helveticus* R0052 and *Bifidobacterium longum* R0175) in Rats and Human Subjects," *British Journal of Nutrition* 105, no. 5 (2011): 755–64, doi: 10.1017/S0007114510004319.

25. K. Tillisch et al., "Consumption of Fermented Milk Product with Probiotic Modulates Brain Activity," *Gastroenterology* 144, no. 7 (2013): 1394–1401, doi: 10.1053/j.gastro.2013.02.043.

26. E. Mayer, interview by the author, September 13, 2013, and April 15, 2014.

27. Cryan interview.

28. Mayer interview.

第七章 菌群使人肥胖

1. See R. Marantz Henig, "Fat Factors," *New York Times,* August 13, 2006, and F. Bäckhed et al., "The Gut Microbiota as an Environmental Factor That Regulates Fat Storage," *Proceedings of the National Academy of Science* 101, no. 44 (November 2, 2004): 15718–23.

2. M. J. Blaser, interview by the author, December 18, 2012. Also see M. J. Blaser, "Stop the Killing of Beneficial Bacteria," *Nature* 476 (August 25, 2011): 293–94, and P. L. Jefrey et al., "Endocrine Impact of *Helicobacter pylori:* Focus on Ghrelin and Ghrelin O-Acyltransferase," *World Journal of Gastroenterology* 17, no. 10 (March 14, 2011): 1249–60, doi: 10.3748/wjg.v17.i10.1249.

3. John F. Cryan, interview by the author, December 10, 2012. Also see J. M. Kinross et al., "The Human Gut Microbiome: Implications for Future Health Care," *Current Gastroenterology Reports* 10 (2008): 396–403.

4. P. J. Turnbaugh et al., "An Obesity-Associated Gut Microbiome with Increased Capacity for Energy Harvest," *Nature* 444, no. 7122 (2006): 1027–31, doi:10.1038/nature05414.

5. R. E. Ley et al., "Microbial Ecology: Human Gut Microbes Associated with Obesity," *Nature* 444, no. 7122 (2006): 1022–23, doi: 10.1038/4441022a.

6. V. K. Ridaura et al., "Gut Microbiota from Twins Discordant for Obesity Modulate Metabolism in Mice," *Science* 341, no. 6150 (2013), doi: 10.1126/science.1241214.

7. C. Wallis, "Gut Reactions," *Scientific American* 310, no. 6 (June 2014): 30–33.

8. A. W. Walker and J. Parkhill, "Fighting Obesity with Bacteria," *Science* 341, no. 1069 (2013), doi: 10.1126/science.1243787.

9. C. Ostrom, "Wonder Cure for Gut: FDA Allows Fecal Transplants," *Seattle Times,* October 26, 2013.

10. Wallis, "Gut Reactions."

11. Stephen Collins, interview by the author, January 7, 2013.

12. Cryan interview.

13. Collins interview.

14 "Gut Bacteria from Thin Humans Can Slim Mice Down," *New York Times,* September 5, 2013.

15. See J. R. Cryan and T. G. Dinan, "Mind-Altering Microorganisms: The Impact of the Gut Microbiota on Brain and Behavior," *Nature Reviews Neuroscience* 13 (October 2012): 701–12, and C. Lozupone et al., "Diversity, Stability and

Resilience of the Human Gut Microbiota," *Nature* 489 (September 13, 2012): 221.

16. Wallis, "Gut Reactions."
17. Blaser, "Stop the Killing."
18. S. Tavernise, "F.D.A. Restricts Antibiotics Use for Livestock," *New York Times,* December 11, 2013.
19. Blaser, "Stop the Killing."
20. Wallis, "Gut Reactions."
21. Bloomberg School of Public Health, Johns Hopkins University, "Children Who Take Antibiotics Gain Weight Faster Than Kids Who Don't," news release, October 21, 2015.
22. Blaser, "Stop the Killing."
23. Kate Murphy, "In Some Cases, Even Bad Bacteria May Be Good," *New York Times,* October 31, 2011.
24. Wallis, "Gut Reactions."
25. Murphy, "In Some Cases, Even Bad Bacteria May Be Good."
26. Emeran Mayer, interview by the author, September 13, 2013; and Faith Dickerson, interview by the author, March 26, 2014.
27. D. Mozafarian et al., "Changes in Diet and Lifestyle and Long-Term Weight Gain in Women and Men," *New England Journal of Medicine* 364 (June 23, 2011): 2392–404.
28. J. E. Brody, "Still Counting Calories? Your Weight-Loss Plan May Be Outdated," *New York Times,* July 18, 2011.
29. M. J. Blaser, "Who Are We? Indigenous Microbes and the Ecology of Human Diseases," *European Molecular Biology Organization Reports* 7, no. 10 (2006): 957.
30. Mark Lyte, interview by the author, March 19, 2014.
31. Collins interview.
32. Mayer interview.

第八章　疗愈本能

1. G. Pacheco-López and F. Bermúdez-Rattoni, "Brain-Immune Interactions and the Neural Basis of Disease-Avoidant Ingestive Behavior," *Philosophical*

Transactions of the Royal Society B 366 (2011): 3397.

2. M. J. Perrot-Minnot and F. Cézilly, "Parasites and Behaviour," in *Ecology and Evolution of Parasitism,* ed. F. Thomas, J. F. Guégan, and F. Renaud (Oxford: Oxford University Press, 2009), 61; also see Randolph M. Nesse and George C. Williams, *Why We Get Sick: The New Science of Darwinian Medicine* (New York: Vintage, 1994), 27.
3. R. H. McCusker, *Journal of Experimental Biology* Conference on Neural Parasitology, Tuscany, Italy, March 19, 2012; R. H. McCusker and K. W. Kelley, "Immune-Neural Connections: How the Immune System's Response to Infectious Agents Influences Behavior," *Journal of Experimental Biology* 216 (2013): 84–98, doi: 10.1242/jeb.073411.
4. Nesse and Williams, *Why We Get Sick,* 37. Giulia Enders, *Gut: The Inside Story of Our Body's Most Underrated Organ* (Vancouver, Berkeley: Greystone Books, 2015), part 2; subheading: vomiting.
5. Rachel Herz, *That's Disgusting: Unraveling the Mysteries of Repulsion* (New York: W. W. Norton, 2012), 73.
6. Benjamin Hart, interview by the author, Davis, California, September 6, 2013.
7. Cindy Engel, *Wild Health: Lessons in Natural Wellness from the Animal Kingdom* (Boston: Houghton Mifin, 2002), 109.
8. B. L. Hart, "Behavioral Adaptations to Pathogens and Parasites: Five Strategies," *Neuroscience and Biobehavioral Reviews* 14, no. 3 (1990): 276.
9. Ibid., 277.
10. Engel, *Wild Health,* 111.
11. Hart, "Behavioral Adaptations to Pathogens and Parasites," 277–79.
12. Engel, *Wild Health,* 111.
13. B. Hart, "Behavioural Defences in Animals Against Pathogens and Parasites: Parallels with the Pillars of Medicine in Humans," *Philosophical Transactions of the Royal Society B* 366 (December 2011): 3407.
14. Benjamin and Lynette Hart, interview by the author, Davis, California, September 9, 2013.
15. Engel, *Wild Health,* 113; and Valerie Curtis, *Don't Look, Don't Touch, Don't Eat: The Science Behind Revulsion* (Chicago: University of Chicago Press, 2013), Kindle edition, chapter 2.
16. Hart, "Behavioral Adaptations to Pathogens and Parasites," 279.

17. Benjamin Hart interview.

18. Hart, "Behavioural Defences in Animals," 3408.

19. L. Bodner et al., "The Effect of Selective Desalivation on Wound Healing in Mice," *Experimental Gerontology* 26, no. 4 (1991): 383–86.

20. Federation of American Societies for Experimental Biology press release, "Licking Your Wounds: Scientists Isolate Compound in Human Saliva That Speeds Wound Healing," *Science Digest,* July 24, 2008, http://www.sciencedaily.com/releases/2008/07/080723094841.htm.

21. Benjamin and Lynette Hart interview.

22. Curtis, *Don't Look, Don't Touch, Don't Eat,* chapter 1.

23. Engel, *Wild Health,* 78–79.

24. Perrot-Minnot and Cézilly, "Parasites and Behaviour," 53.

25. Hart, "Behavioral Adaptations to Pathogens and Parasites," 277.

26. Benjamin Hart interview.

27. Curtis, *Don't Look, Don't Touch, Don't Eat,* chapter 2.

28. Natalie Angier, "Nature's Waste Management Crews," *New York Times,* May 25, 2015.

29. Perrot-Minnot and Cézilly, "Parasites and Behaviour," 54.

30. Curtis, *Don't Look, Don't Touch, Don't Eat,* chapter 2.

31. C. Zimmer, "Is Patriotism a Subconscious Way for Humans to Avoid Disease?," *New York Times,* February 18, 2009.

32. Sindya N. Bhanoo, "Tending a Sick Comrade Has Benefits for Ants," *New York Times,* April 9, 2012.

33. Benjamin Hart interview.

34. Tai Viinikka, "About Kids Health: The Hazards and Benefits of Eating Dirt," Hospital for Sick Children, Toronto, Ontario, Canada, May 16, 2013, http://www.aboutkidshealth.ca/en/news/newsandfeatures/pages/the-hazards-and-benefits-of-eating-dirt.aspx.

35. Benjamin Hart interview.

36. Viinikka, "About Kids Health."

37. Hart, "Behavioral Adaptation to Pathogens and Parasites," 288.

38. Curtis, *Don't Look, Don't Touch, Don't Eat,* chapter 2.

39. Hart, "Behavioral Adaptations to Pathogens and Parasites," 287.

40. S. W. Gangestad and D. M. Buss, "Pathogen Prevalence and Human Mate Preferences," *Ethology and Sociobiology* 14 (1993): 89–96.

41. A. C. Little, B. C. Jones, and L. M. DeBruine, "Exposure to Visual Cues of Pathogen Contagion Changes Preferences for Masculinity and Symmetry in Opposite-Sex Faces," *Proceedings of the Royal Society B* 278 (2011): 813–14, doi: 10.1098/rspb.2010.1925.

42. "HLA Gene Family," Genetics Home Reference, accessed March 11, 2015, http://ghr.nlm.nih.gov/geneFamily=hla.

43. Daniel M. Davis, *The Compatibility Gene: How Our Bodies Fight Disease, Attract Others, and Define Our Selves* (New York: Oxford University Press, 2014), 137–40.

44. J. M. Tyburg and S. W. Gangestad, "Mate Preferences and Infectious Disease: Theoretical Considerations and Evidence in Humans," *Philosophical Transactions of the Royal Society B* 366 (2011): 3383, doi: 10.1098/rstb.2011.0136.

45. Hart, "Behavioral Adaptations to Pathogens and Parasites," 288.

46. C. Wedekind et al., "MHC-Dependent Mate Preferences in Humans," *Proceedings of the Royal Society B* 260 (1995): 245–49.

47. M. Milinski and C. Wedekind, "Evidence for MHC-Correlated Perfume Preferences in Humans," *Behavioural Ecology* 12 (2001): 140–49.

48. C. Ober et al., "HLA and Mate Choice in Humans," *American Journal of Human Genetics* 61 (1997): 497–504; and R. Chaix, C. Cao, and P. Donnelly, "Is Mate Choice in Humans MHC-Dependent?," *PLoS Genetics* 4, no. 9 (September 12, 2008): e1000184, doi: 10.1371/journal.pgen.1000184.

49. F. Prugnolle et al., "Pathogen-Driven Selection and Worldwide HLA Class I Diversity," *Current Biology* 15 (2005): 1022–27.

50. Herz, *That's Disgusting,* 170; and R. S. Herz and M. Inzlicht, "Sex Differences in Response to Physical and Social Factors Involved in Human Mate Selection," *Evolution and Human Behavior* 23 (2002): 359–64.

51. Chaix, Cao, and Donnelly, "Is Mate Choice in Humans MHC-Dependent?"

52. Herz, *That's Disgusting,* 171.

53. Matt Ridley, "The Advantage of Sex," *New Scientist,* December 4, 1993.

54. M. Scudellari, "The Sex Paradox," *Scientist,* July 1, 2014.

55. Ridley, "The Advantage of Sex."

56. "HLA Gene Family," Genetics Home Reference.

57. Joel Achenbach, Lena H. Sun, and Brady Dennis, "The Ominous Math of the Ebola Epidemic Share," *Washington Post,* October 9, 2014, http://www.washingtonpost.com/national/health-science/the-ominous-math-of-the-ebola-epidemic/2014/10/09/3cad9e76-4f2-11e4-8c24-487e92bc997b_story.html.

58. R. Rettner, "How Do People Survive Ebola?," *Live Science,* August 5, 2014, http://www.livescience.com/47203-ebola-how-people-survive.html.

59. Ridley, "The Advantage of Sex."

60. R. M. Nesse and G. C. Williams, "Evolution and the Origins of Disease," *Scientific American* (November 1998). Also see "Teach Evolution and Make It Relevant," University of Montana, http://evoled.dbs.umt.edu/lessons /background.htm.

61. F. Thomas et al., "Can We Understand Modern Humans Without Considering Pathogens?," *Evolutionary Applications* 5, no. 4 (June 2012): 373.

62. B. T. Preston et al., "Parasite Resistance and the Adaptive Significance of Sleep," *BMC Evolutionary Biology* 9, no. 7 (January 9, 2009): 1–9, doi: 10.1186/1471-2148-9-7.

63. B. L. Hart, "The Evolution of Herbal Medicine: Behavioural Perspectives," *Animal Behaviour* 70 (2005): 983, doi: 10.1016/j.anbehav.2005.03.005.

64. E. A. Bernays and M. S. Singer, "Insect Defenses: Taste Alteration and Endoparasites," *Nature* 436 (July 28, 2005): 476.

65. M. A. Hufman, "Current Evidence for Self-Medication in Primates: A Multidisciplinary Perspective," *Yearbook of Physical Anthropology* 40 (1997): 178.

66. Hart, "The Evolution of Herbal Medicine," 983.

67. Engel, *Wild Health,* 84.

68. Cheryl L. Dybas, "*Aframomum melegueta:* Gorilla Staple Adds Spice to New Drugs," *Washington Post,* November 27, 2006.

69. Hufman, "Current Evidence for Self-Medication in Primates," 173.

70. P. W. Sherman and J. Billing, "Darwinian Gastronomy: Why We Use Spices," *BioScience* 49 (1999): 455.

71. Ibid., 458.

72. Ibid., 455.

73. P. W. Sherman and G. A. Hash, "Why Vegetable Dishes Are Not Very Spicy," *Evolution and Human Behavior* 22, no. 3 (May 2001): 147–63.

74. Hart, "The Evolution of Herbal Medicine," 977–79.

75. Annie Murphy Paul, *Origins: How the Nine Months Before Birth Shape the Rest of Our Lives* (New York: Free Press, 2010), 22.

76. Sherman and Billing, "Darwinian Gastronomy," 461–62.

77. Rachael Moeller Gorman, "Cooking Up Bigger Brains," *Scientific American* (December 16, 2007), http://www.scientificamerican.com/article/cooking-up-bigger-brains/.

78. Hart, "Behavioural Defences in Animals," 3409.

79. M. A. Huffman and J. M. Caton, "Self-Induced Increase of Gut Motility and the Control of Parasitic Infections in Wild Chimpanzees," *International Journal of Primatology* 22, no. 3 (2001): 329–46. Also M. A. Huffman, interview by the author, December 1, 2015.

80. Hart, "Behavioral Adaptations to Pathogens and Parasites," 280–81.

81. Engel, *Wild Health,* 123.

82. Perrot-Minnot and Cézilly, "Parasites and Behaviour," 57.

83. John Smart, "Number 4A: Insects," *British Museum of Natural History Instructions for Collectors* (London: Trustees of the British Museum, 1963).

84. Hart, "Behavioral Adaptations to Pathogens and Parasites," 281.

85. Huffman, "Current Evidence for Self-Medication in Primates," 190.

86. Engel, *Wild Health,* 115–18.

87. "Dr. Sera Young, Cornell University—the Urge to Eat Dirt," *Academic Minute,* WAMC Northeast Public Radio, December 4, 2012, http://wamc.org/post/dr-sera-young-cornell-university-urge-eat-dirt. Also see Sera L. Young, *Craving Earth: Understanding Pica* (New York: Columbia University Press, 2012), Kindle edition, chapter 9, and Engel, *Wild Health,* 64–70.

88. Young, *Craving Earth,* chapter 9.

89. Susan Allport, "Women Who Eat Dirt," *Gastronomica* (Spring 2002): 17.

90. Young, *Craving Earth,* chapter 9; Engel, *Wild Health,* 62–70.

91. Engel, *Wild Health,* 63–70.

92. Young, *Craving Earth,* chapter 3.

93. Sera L. Young, interview by the author, November 23, 2015.

94. Marc Lallanilla, "Eating Dirt: It Might Be Good for You," ABC News, October 3, 2005, http://abcnews.go.com/Health/Diet/story?id=1167623&page=1.

95. Young, *Craving Earth*, chapter 1.

96. Ibid., chapter 9.

97. Ibid., chapter 1.

98. Ibid., chapter 9.

99. Thomas et al., "Can We Understand Modern Humans Without Considering Pathogens?," 374–75; Meredith F. Small, "The Biology of Morning Sickness," *Discover*, September 1, 2000, http://discovermagazine.com/2000/sep/featbiology.

第九章　被遗忘的情感

1. Valerie Curtis, interview by the author, July 1, 2013.

2. Valerie Curtis, *Don't Look, Don't Touch, Don't Eat: The Science Behind Revulsion* (Chicago: University of Chicago Press, 2013), Kindle edition, chapter 2.

3. Curtis interview.

4. Curtis, *Don't Look, Don't Touch, Don't Eat*, chapter 1.

5. Curtis interview.

6. Charles Darwin, *The Expression of the Emotions in Man and Animals* (London: Penguin Classics, 1872), Kindle edition, chapter 11.

7. Curtis, *Don't Look, Don't Touch, Don't Eat*, chapter 1.

8. Darwin, *The Expression of the Emotions*, chapter 11.

9. Curtis, *Don't Look, Don't Touch, Don't Eat*, chapter 1.

10. Paul Rozin, interview by the author, Philadelphia, January 21, 2013.

11. M. Oaten, R. J. Stevenson, and T. I. Case, "Disgust as a Disease-Avoidance Mechanism," *Psychological Bulletin* 135, no. 2 (2009): 312.

12. Rozin interview. For good overview articles on disgust, see Oaten, Stevenson, and Case, "Disgust as a Disease-Avoidance Mechanism," 303–21, and J. Gorman, "Survival's Ick Factor," *New York Times*, January 23, 2012.

13. Curtis interview.

14. V. Curtis and A. Biran, "Dirt, Disgust, and Disease: Is Hygiene in Our Genes?," *Perspectives in Biology and Medicine* 44, no. 1 (Winter 2001): 22.

15. Curtis interview.

16. Curtis, *Don't Look, Don't Touch, Don't Eat,* chapter 1.

17. Ibid., chapter 3.

18. Ibid.

19. Ibid., chapter 1.

20. M. Schaller, D. R. Murray, and A. Bangerter, "Implications of the Behavioural Immune System for Social Behaviour and Human Health in the Modern World," *Philosophical Transactions of the Royal Society B* 370 (2015): 3, http://dx.doi.org/10.1098/rstb.2014.0105.

21. Curtis, *Don't Look, Don't Touch, Don't Eat*, chapter 3.

22. "Why Disgust Matters," *Philosophical Transactions of the Royal Society B* 366 (2011): 3482–84, doi: 10–1098/rstb.2011.0165.

23. Curtis, *Don't Look, Don't Touch, Don't Eat,* chapter 3.

24. "Why Disgust Matters," 3482–83.

25. Curtis, *Don't Look, Don't Touch, Don't Eat*, chapter 1.

26. Rick Nauert, "Anxiety More Common in Women," Psych Central, http://psychcentral.com/news/2006/10/06/anxiety-more-commonin-women/312.html. See also "Mental Health Statistics: Men and Women," Mental Health Foundation, http://www.mentalhealth.org.uk/help-information/mental-health-statistics/men-women/.

27. Rachel Herz, *That's Disgusting: Unraveling the Mysteries of Repulsion* (New York: W. W. Norton, 2012), 504.

28. Ibid.; also Curtis, *Don't Look, Don't Touch, Don't Eat,* chapter 3.

29. C. Borg and P. J. de Jong, "Feelings of Disgust and Disgust-Induced Avoidance Weaken Following Induced Sexual Arousal in Women," *PLoS One* 7 (September 2012): 1–8, e44111.

30. "Ewwwww! UCLA Anthropologist Studies Evolution's Disgusting Side," UCLA Newsroom, March 27, 2007, http://newsroom.ucla.edu/releases/Ewwwww-UCLA-Anthropologist-Studies-7821.

31. Herz, *That's Disgusting,* chapter 4.

32. Gary D. Sherman, "The Faintest Speck of Dirt: Disgust Enhances the Detection of Impurity," 25th American Psychological Science Society Meeting, Washington, DC, May 26, 2013. Also see G. D. Sherman, J. Haidt, and Gerald L. Clore, "The Faintest Speck of Dirt: Disgust Enhances the Detection of Impurity," *Psychological Science* 23, no. 12 (2012): 1513, doi:

10.1177/0956797612445318.

33. Curtis, *Don't Look, Don't Touch, Don't Eat*, chapter 3.

34. K. J. Eskine, A. Novreske, and M. Richards, "Moral Contagion in Everyday Interpersonal Encounters," *Journal of Experimental Social Psychology* 49 (2013): 949.

35. David Pizarro, interview by the author, April 20, 2015.

36. "Food for Thought: Paul Rozin's Research and Teaching at Penn," *Penn Arts and Sciences* (Fall 1997), http://www.sas.upenn.edu/sasalum/newsltr/fall97/rozin.html.

37. Ibid.; also Rozin interview.

第十章　寄生与偏见

1. M. Schaller, interview by the author, February 1, 2011, and June 4, 2012.

2. M. Faulkner et al., "Evolved Disease-Avoidance Mechanisms and Contemporary Xenophobic Attitudes," *Group Processes and Intergroup Relations* 7, no. 4 (2004): 344–45, doi: 10.1177/1368430204046142. See also M. Schaller and S. L. Neuberg, "Danger, Disease, and the Nature of Prejudice(s)," in *Advances in Experimental Social Psychology,* ed. M. Zanna and J. Olson (San Diego: Academic Press, 2012), 19–20.

3. M. Schaller, interview by the author, May 2008. Also see J. Faulkner and M. Schaller, "Evolved Disease-Avoidance Processes and Contemporary Anti-Social Behavior: Prejudicial Attitudes and Avoidance of People with Physical Disabilities," *Journal of Nonverbal Behavior* 27, no. 2 (Summer 2003): 65, and J. H. Park, M. Schaller, and C. S. Crandall, "Pathogen-Avoidance Mechanisms and the Stigmatization of Obese People," *Evolution and Human Behavior* 28 (2007): 410–14.

4. J. Ackerman, interview by the author, August 8, 2012. Also see J. M. Ackerman et al., "A Pox on the Mind: Disjunction of Attention and Memory in the Processing of Physical Disfigurement," *Journal of Experimental Social Psychology* 45 (2009): 478–79.

5. Schaller and Neuberg, "Danger, Disease, and the Nature of Prejudice(s)," 14.

6. Ackerman interview.

7. M. Schaller, interview by the author, June 2012, and in Vancouver, September 10, 2013.

8. Schaller interview, May 2008.

9. M. Oaten, R. J. Stevenson, and T. I. Case, "Disgust as a Disease-Avoidance Mechanism," *Psychological Bulletin* 135, no. 2 (2009): 312.

10. M. Schaller, D. R. Murray, and A. Bangerter, "Implications of the Behavioural Immune System for Social Behaviour and Human Health in the Modern World," *Philosophical Transactions of the Royal Society B* 370 (2015): 6, http://dx.doi.org/10.1098/rstb.2014.0105; Ackerman interview.

11. Schaller and Neuberg, "Danger, Disease, and the Nature of Prejudice(s)," 18.

12. Oaten, Stevenson, and Case, "Disgust as a Disease-Avoidance Mechanism," 312.

13. Schaller and Neuberg, "Danger, Disease, and the Nature of Prejudice(s)," 18–19.

14. Ibid., 17, 19.

15. Daniel Fessler, interview by the author, Los Angeles, September 12, 2013.

16. C. R. Mortensen et al., "Infection Breeds Reticence: The Effects of Disease Salience on Self-Perceptions of Personality and Behavioral Avoidance Tendencies," *Psychological Science* 21, no. 3 (2010):440–45.

17. C. D. Navarrete and D.M.T. Fessler, "Disease Avoidance and Ethnocentrism: The Effects of Disease Vulnerability and Disgust Sensitivity on Intergroup Attitudes," *Evolution and Human Behavior* 27 (2006): 272.

18. Ackerman interview; see J. Y. Huang et al., "Immunizing Against Prejudice: Effects of Disease Protection on Attitudes Toward Out-Groups," *Psychological Science* 22, no. 12 (2011): 1550–56.

19. Michael Bang Petersen and Lene Aarøe, interview by the author, Miami Beach, Florida, July 19, 2013.

20. Schaller interview, May 2008.

21. Brian Alexander, "Amid Swine Flu Outbreak, Racism Goes Viral," MSNBC.com, last modified May 1, 2009, http://www.nbcnews.com/id/30467300/ns/health-cold_and_flu/t/amid-swine-flu-outbreak-racism-goes-viral/#.U98FOkjY3RB; Donald G. McNeil Jr., "Finding a Scapegoat When Epidemics Strike," *New York Times*, September 1, 2009.

22. Lindsey Boerma, "Republican Congressman: Immigrant Children Might Carry Ebola," CBS News, last modified August 5, 2014, http://www.cbsnews.com/news/republican-congressman-immigrant-children-might-carry-ebola/; Maggie Fox, "Vectors or Victims? Docs Slam Rumors That Migrants Carry Disease," MSNBC News, last modified July 9, 2014,http://www.nbcnews.com/storyline/immigration-border-crisis/vectors-or-victims-docs-slam-rumors-migrants-carry-disease-n152216.

23. Schaller and Neuberg, "Danger, Disease, and the Nature of Prejudice(s)," 19.

24. "Films, Nazi Antisemitic," Yad Vashem Organization, http://www.yadvashem.org/odot_pdf/Microsoft%20Word%20-%205850.pdf.

25. *A More Perfect Union,* an exhibition on the Japanese American internment in World War II that toured the U.S. in the 1980s, sponsored by the Rockefeller Foundation, AT&T Foundation, and the Smithsonian Institution; http://amhistory.si.edu/perfectunion/resources/touring.html.

26. Rachel Herz, *That's Disgusting: Unraveling the Mysteries of Repulsion* (New York: W. W. Norton, 2012), 112.

27. Brit Bennett, "Who Gets to Go to the Pool?," *New York Times,* June 10, 2015; see also Vio Celaya, *First Mexican* (Lincoln, NE: iUniverse, 2005), 4.

28. W. Herbert, "The Color of Sin—Why the Good Guys Wear White," *Scientific American* (November 1, 2009), http://www.scientificamerican.com/article.cfm?id=the-color-of-sin.

29. Huang et al., "Immunizing Against Prejudice," 1555.

30. K. McAulife, "The Breast Cancer Generation," *More,* September 1997.

31. Valerie Curtis, *Don't Look, Don't Touch, Don't Eat: The Science Behind Revulsion* (Chicago: University of Chicago Press, 2013), Kindle edition, chapter 6.

32. Valerie Curtis, interview by the author, July 1, 2013.

33. Oaten, Stevenson, and Case, "Disgust as a Disease-Avoidance Mechanism," 308.

34. M. Schaller, interview by the author, September 10, 2010; M. Schaller et al., "Mere Visual Perception of Other People's Disease Symptoms Facilitates a More Aggressive Immune Response," *Psychological Science* 21, no.5 (2010): 649–52.

35. R. J. Stevenson et al., "The Effect of Disgust on Oral Immune Function," *Psychophysiology* 48 (2011): 900–907.

36. Herz, *That's Disgusting,* 133.

37. Schaller interview, September 10, 2010.

第十一章 寄生与道德

1. David Pizarro, interview by the author, April 20, 2015.

2. Jonathan Haidt, *The Righteous Mind: Why Good People Are Divided by Politics and Religion* (New York: Pantheon, 2012), Kindle edition, chapter 2.

3. Pizarro interview.

4. G. Miller, "The Roots of Morality," *Science* 320 (May 9, 2008): 734.

5. T. G. Adams, P. A. Stewart, and J. C. Blanchar, "Disgust and the Politics of Sex: Exposure to a Disgusting Odorant Increases Politically Conservative Views on Sex and Decreases Support for Gay Marriage," *PLoS One* 9, no. 5 (2014): e95572, doi:10.1371/journal.pone.0095572. Also see Haidt, *The Righteous Mind,* and Y. Inbar and D. Pizarro, "Pollution and Purity in Moral and Political Judgment," in *Advances in Experimental Moral Psychology: Affect, Character, and Commitments,* ed. J. Wright and H. Sarkissian (London: Continuum, 2014), 121.

6. Haidt, *The Righteous Mind,* chapter 3.

7. Adams, Stewart, and Blanchar, "Disgust and the Politics of Sex."

8. M. Schaller, D. R. Murray, and A. Bangerter, "Implications of the Behavioural Immune System for Social Behaviour and Human Health in the Modern World," *Philosophical Transactions of the Royal Society B* 370 (2015): 4, http://dx.doi.org/10.1098/rstb.2014.0105.

9. Adams, Stewart, and Blanchar, "Disgust and the Politics of Sex."

10. E. G. Helzer and D. A. Pizarro, "Dirty Liberals! Reminders of Physical Cleanliness Influence Moral and Political Attitudes," *Psychological Science* 22, no. 4 (2011): 517.

11. Pizarro interview.

12. Y. Inbar, D. A. Pizarro, and Paul Bloom, "Conservatives Are More Easily Disgusted Than Liberals," *Cognition and Emotion* 23, no. 4 (2009): 720, http://dx.doi.org/10.1080/02699930802110007. Also see Y. Inbar et al., "Disgust Sensitivity, Political Conservatism and Voting," *Social Psychological and Personality Science* 5 (2012): 537–44, and D. R. Murray and M. Schaller, "Threat(s) and Conformity Deconstructed: Perceived Threat of Infectious Disease and Its Implications for Conformist Attitudes and Behavior," *European Journal of Social Psychology* 42 (2012): 181, doi: 10.1002/ejsp.863.

13. Kevin B. Smith et al., "Disgust Sensitivity and the Neurophysiology of Left-Right Political Orientations," *PLoS One* 6, no. 10 (October 2011): e25552. Also see Nicholas Kristof, "Our Politics May Be All in Our Head," *New York Times,* February 13, 2010.

14. Douglas R. Oxley et al., "Political Attitudes Vary with Physiological Traits," *Science* 321, no. 19 (September 19, 2008): 1667–70.

15. Haidt, *The Righteous Mind,* chapter 12.

16. C. J. Brenner and Y. Inbar, "Disgust Sensitivity Predicts Political Ideology and Policy Attitudes in the Netherlands," *European Journal of Social Psychology* 45 (2015): 27–38, doi: 10.1002/ejsp.2072.

17. Y. Inbar et al., "Disgust Sensitivity, Political Conservatism and Voting," 542.

18. Peter Liberman and David Pizarro, "All Politics Is Olfactory," *New York Times,* October 23, 2010.

19. Gary D. Sherman and Gerald L. Clore, "The Color of Sin: White and Black Are Perceptual Symbols of Moral Purity and Pollution," *Psychological Science* 20, no. 8 (2009): 1019–25. Also see W. Herbert, "The Color of Sin—Why the Good Guys Wear White," *Scientific American* (November 1, 2009).

20. Gerald L. Clore, interview by the author, December 30, 2015.

21. Rachel Herz, *That's Disgusting: Unraveling the Mysteries of Repulsion* (New York: W. W. Norton, 2012), 63–65.

22. C. T. Dawes et al., "Neural Basis of Egalitarian Behavior," *Proceedings of the National Academy of Sciences* 109, no. 17 (April 24, 2012): 6479–83, doi: 10.1073/pnas.1118653109. Also see Roger Highfield, "The Robin Hood Impulse," *Telegraph,* April 11, 2007.

23. Valerie Curtis, *Don't Look, Don't Touch, Don't Eat: The Science Behind Revulsion* (Chicago: University of Chicago Press, 2013), Kindle edition, chapter 5.

24. F. Kodaka et al., "Effect of Cooperation Level of Group on Punishment for Non-Cooperators: A Functional Magnetic Resonance Imaging Study," *PLoS One* 7, no. 7 (July 2012): e41338, doi: 10.1371/journal.pone.0041338.

25. Sandra Blakeslee, "A Small Part of the Brain, and Its Profound Effects," *New York Times,* February 6, 2007.

26. J. S. Borg, D. Lieberman, and K. A. Kiehl, "Infection, Incest, and Iniquity: Investigating the Neural Correlates of Disgust and Morality," *Journal of Cognitive Neuroscience* 20, no. 9 (2008): 1529–46.

27. K. A. Kiehl and J. W. Buckholtz, "Inside the Mind of a Psychopath," *Scientific American Mind* 21, no. 4 (September/October 2010): 22–29. Also Kent A. Kiehl, interview by the author, August 12, 2015.

28. Kiehl interview; Herz, *That's Disgusting,* chapter 3.

29. Ibid.

30. Curtis, *Don't Look, Don't Touch, Don't Eat,* chapter 4.

31. Valerie Curtis, interview by the author, July 1, 2013.

32. Haidt, *The Righteous Mind,* chapter 9; also see Curtis, *Don't Look, Don't Touch, Don't Eat*, chapter 5.

33. Curtis interview.

34. Haidt, *The Righteous Mind,* chapter 9.

35. Curtis interview.

36. Jonathan Hawks, interview by the author, Madison, Wisconsin, February 12, 2008.

37. F. Thomas et al., "Can We Understand Modern Humans Without Considering Pathogens?," *Evolutionary Applications* 5, no. 4 (June 2012): 368–79.

38. Jared Diamond, *Guns, Germs, and Steel* (New York: W. W. Norton, 1997), 210.

39. John Durant, *The Paleo Manifesto: Ancient Wisdom for Lifelong Health* (New York: Harmony, 2013), Kindle edition, chapter 4.

40. Haidt, *The Righteous Mind,* chapter 5.

41. K. McAulife, "Are We Still Evolving?," *Discover,* March 2009.

42. Leon Kass, "The Wisdom of Repugnance," *New Republic,* June 2, 1997.

43. Herz, *That's Disgusting,* 171–72.

44. Pizarro interview.

45. E. J. Horberg et al., "Disgust and the Moralization of Purity," *Journal of Personality and Social Psychology* 97, no. 6 (2009): 965.

46. L. van Dillen and G. Vanderveen, "Moral Integrity and Emotional Vigilance," paper presented at the biannual conference of the International Society for Research on Emotion, July 8–10, 2015, http://www.isre2015.org/sites/default/files/van%20Dillen.pdf.

47. Pizarro interview.

48. C. Helion and D. Pizarro, "Beyond Dual-Processes: The Interplay of Reason and Emotion in Moral Judgment," in *Springer Handbook for Neuroethics,* ed. Jens Clausen and Neil Levy (New York: Springer Reference, 2015), 113.

第十二章　思想的疆域

1. Randy Thornhill, interview by the author, fall 2008.

2. Mark Schaller, interview by the author, September 10, 2013.

3. M. Schaller and D. R. Murray, "Pathogens, Personality, and Culture: Disease

Prevalence Predicts Worldwide Variability in Sociosexuality, Extraversion, and Openness to Experience," *Journal of Personality and Social Psychology* 95, no. 1 (July 2008): 212–21, doi: 10.1037/0022-3514.95.1.212.

4. Schaller interview.

5. C. L. Fincher et al., "Pathogen Prevalence Predicts Human Cross-Cultural Variability in Individualism/Collectivism," *Proceedings of the Royal Society B* 275 (2008): 1279–85, doi:10.1098/rspb.2008.0094.

6. C. Fincher, interview by the author, 2008.

7. Thornhill interview.

8. David Pizarro, interview by the author, April 20, 2015.

9. Steven Pinker, interview by the author, July 19, 2013, and November 3, 2015.

10. Valerie Curtis, interview by the author, July 1, 2013.

11. C. L. Fincher and R. Thornhill, "Parasite-Stress Promotes In-Group Assortative Sociality: The Cases of Strong Family Ties and Heightened Religiosity," *Behavioral and Brain Sciences* 35 (2012): 62, 72–74, doi: 10.1017/S0140525X11000021.

12. Thornhill interview.

13. R. Thornhill, C. L. Fincher, and D. Aran, "Parasites, Democratization, and the Liberalization of Values Across Contemporary Countries," *Biological Reviews* 84 (2009): 113–15.

14. K. Letendre, C. L. Fincher, and R. Thornhill, "Does Infectious Disease Cause Global Variation in the Frequency of Intrastate Armed Conflict and Civil War?," *Biological Reviews* 85 (2010): 669–83; and R. Thornhill and C. L. Fincher, "Parasite Stress Promotes Homicide and Child Maltreatment," *Philosophical Transactions of the Royal Society B* 366 (2011): 3466–77, doi: 10.1098/rstb.2011.0052.

15. Thornhill interview.

16. Randy Thornhill, interview by the author, Miami Beach, Florida, July 20, 2013.

17. Mark Schaller, interview by the author, October 30, 2012.

18. D. R. Murray, M. Schaller, and P. Suedfeld, "Pathogens and Politics: Further Evidence That Parasite Prevalence Predicts Authoritarianism," *PLoS One* 8, no. 5 (May 2013): e62275.

19. D. R. Murray, R. Trudeau, and M. Schaller, "On the Origins of Cultural Differences in Conformity: Four Tests of the Pathogen Prevalence Hypothesis," *Personality*

and Social Psychology Bulletin 37, no. 3 (2011): 318–29, doi: 10.1177/0146167210394451.

20. Mark Schaller, interview by the author, October 2010.

21. Schaller interview, October 30, 2012.

22. Schaller interview, October 2010.

23. Fincher interview.

24. Randy Thornhill, interview by the author, August 11, 2008.

25. Charles Nunn, interview by the author, April 15, 2015; R. H. Griffin and C. L. Nunn, "Community Structure and the Spread of Infectious Disease in Primate Social Networks," *Evolutionary Ecology* 26 (2012): 779–800.

26. Daniel Fessler, interview by the author, Los Angeles, September 12, 2013. Valerie Curtis, *Don*'t Look, Don't Touch, Don't Eat: The Science Behind Revulsion (Chicago: University of Chicago Press, 2013), Kindle edition, chapter 2.

27. Fincher and Thornhill, "Parasite-Stress Promotes In-Group Assortative Sociality."

28. Thornhill interview, July 20, 2013.

29. Russell Powell, Steve Clarke, and Julian Savulescu, "An Ethical and Prudential Argument for Prioritizing the Reduction of Parasite- Stress in the Allocation of Health Care Resources," *Behavioral and Brain Sciences* 35 (2012): 90–91, doi: 10.1017/S0140525X11001026.

术语表

A

埃博拉 Ebola

B

八哥 starling
白蛉 sandfly
白细胞介素 interleukin
斑背潜鸭 scaup
斑鸠菊属 *Vernonia*
宝石蜂（拉丁文学名：扁头泥蜂）Jewel Wasp（*Ampulex compressa*）
扁形虫 flatworm
表观遗传改变 epigenetic transformation

C

彩蚴吸虫 *Leucochloridium*
晨吐 morning sickness
痴呆 dementia
创伤后应激障碍 post-traumatic stress disorder
催眠 hypnosis

D

单纯疱疹病毒 herpes simplex virus
瞪羚 gazelle
多巴胺 dopamine

F

反胃 nausea
泛自闭症障碍 autism spectrum disorder（ASD）
芳香化合物 aromatic compound
飞蓬 fleabane
非洲豆蔻 *Aframomum*
肥胖 obesity
粉刺 acne
粪便微生物移植 fecal transplantation

G

柑橘黄龙病 citrus greening
感觉过敏 hyperesthesia
刚地弓形虫 *Toxoplasma gondii*
高岭土 kaolin
睾酮 testosterone
割礼 circumcision
弓背蚁 carpenter ant
弓首蛔虫 *Toxocara*
弓形虫病 toxoplasmosis
共生体 symbiont
钩虫 hookworm
登革热（断骨热）dengue fever（breakbone fever）

H

亨廷顿舞蹈症 Huntington's disease

红皇后假说 Red Queen hypothesis
虎蛾毛毛虫 tiger moth caterpillar
幻觉 hallucination
黄体酮 progesterone
蛔虫 roundworm

J
棘头虫 thorny-headed worm
寄生性操纵 parasitic manipulation
甲壳动物 *Crustaceans*
艰难梭状芽孢杆菌结肠炎 *Clostridium difficile colitis*
僵尸蚂蚁 zombie ant
鳉鱼 killifish
近亲交配 inbreeding
精神病 psychiatric illness
精神分裂症 schizophrenia
精神紊乱 mental disturbance

K
抗精神病药 antipsychotic drug
抗体 antibody
抗抑郁药 antidepressant
克罗恩病 Crohn's disease
孔雀鱼 guppy
恐水症 hydrophobia
狂犬病 rabies
溃疡 ulcer

L
莱姆病 Lyme disease
利什曼病 leishmaniasis
利什曼原虫 *Leishmania braziliensis*
灵长类动物 primates
流行病 epidemic
罗宾汉冲动 Robin Hood impulse

M
麦地那龙线虫 guinea worm
麦地那龙线虫病 dracunculiasis
梅毒 syphilis
美洲大蠊 American cockroach
虻 tabanid fly
迷走神经刺激 vagus nerve stimulation （VNS）
猕猴 macaque
密集恐惧症 trypophobia
免疫 immunity

N
脑源性生长因子 brain-derived growth factor
疟疾 malaria
疟原虫 plasmodia

O
呕吐 vomit

P
蜱 tick

Q
气息 smell
前岛 anterior insula
蜣螂 dung beetle
强迫症 obsessive compulsive disorder
情感障碍 mood disorder
去甲肾上腺素 noradrenaline

R
人类免疫缺陷病毒 HIV
肉毒杆菌 *Clostridium botulinum*
乳酸菌 lactobacillus

S

蛇形虫草属 *Ophiocordyceps*

神经递质 neurotransmitter

神经化学物质 neurochemical

交感性呕吐 sympathetic vomiting

神经质 neuroticism

食土癖 geophagy

食欲刺激素 ghrelin

鼠妇 pillbug

水鸟 shorebird

水蜗牛 horn snail

水蚤 water flea

斯特鲁普测试 Stroop test

T

绦虫 tapeworm

藤壶 barnacle

体外寄生虫 ectoparasite

天花 smallpox

W

无菌小鼠 germfree mice

无性繁殖 asexual reproduction

X

选型社会性 assortative sociality

细胞因子 cytokines

吸虫 trematode

蟋蟀 cricket

线形虫 hairworm

香气 scent

绝育 sterilization

小林姬鼠 wood mice

蟹奴 *Sacculina*

杏仁核 amygdala

性病 sexually transmitted disease（STD）

性激素 sex hormone

行为操纵 behavioral manipulation

血清素 serotonin

熏蒸 fumigation

Y

亚诺玛米人 Yanomami

亚洲柑橘木虱 Asian citrus psyllid

演化 evolution

盐水虾 brine shrimp

乙酰胆碱 acetylcholine

抑郁症 depression

疫苗 vaccination

益生菌 probiotics

应激 stress

幽门螺杆菌 Helicobacter pylori

有性繁殖 sexual reproduction

原生动物 protozoa

圆网蜘蛛 orb spider

约鲁巴人 Yoruba

月经 menstruation

Z

蚱蜢 grasshopper

螽斯 katydid

肿瘤坏死因子-α tumor necrotizing factor-alpha

主要组织相容性复合体 major histo-compatibility complex（MHC）

其他

γ-氨基丁酸 GABA

图书在版编目(CIP)数据

我脑子里的不速之客：寄生生物如何操纵人类与社会 / (美) 凯瑟琳·麦考利夫著；袁祎译. -- 太原：山西教育出版社，2022.5

ISBN 978-7-5703-2140-7

Ⅰ. ①我… Ⅱ. ①凯… ②袁… Ⅲ. ①寄生虫－普及读物 Ⅳ. ① Q958.9-49

中国版本图书馆 CIP 数据核字 (2021) 第 267826 号

This Is Your Brain On Parasites
by Kathleen McAuliffe

Published in agreement with The Zoe Pagnamenta Agency, LLC, through The Grayhawk Agency Ltd.

我脑子里的不速之客：寄生生物如何操纵人类与社会
[美] 凯瑟琳·麦考利夫/著
袁祎/译

出 版 人　李　飞
责任编辑　许亚星　赵　蕾
特约编辑　周　玲
复　　审　王介功
终　　审　李梦燕
装帧设计　董茹嘉
出版发行　山西出版传媒集团·山西教育出版社
（地址：太原市水西门街馒头巷7号　电话：0351-4729801　邮编：030002）
印　　刷　肥城新华印刷有限公司
开　　本　880mm×1230mm　32开
印　　张　11
字　　数　194千
版　　次　2022年5月第1版
印　　次　2022年5月第1次印刷
书　　号　ISBN 978-7-5703-2140-7
定　　价　59.00元

如有印装质量问题，影响阅读，请与印刷厂联系调换。电话：0538-3460929。